养一只快乐猫

[意] 劳拉·博罗梅奥

[意] 玛丽亚·克里斯蒂娜·克罗斯塔 著

菲比妈妈王笑 译

弹簧小姐王佳妮 审校

[意] 伊莎贝拉·焦尔吉尼 插画

电子工业出版社

Publishing House of Electronics Industry

北京·BEIJING

版权贸易合同登记号 图字：01-2024-3593

图书在版编目（CIP）数据

养一只快乐猫 ／（意）劳拉·博罗梅奥 (Laura Borromeo)，（意）玛丽亚·克里斯蒂娜·克罗斯塔 (Maria Cristina Crosta) 著；菲比妈妈王笑译. 北京：电子工业出版社，2024. 10. -- ISBN 978-7-121-48731-6

Ⅰ. S829.3-64

中国国家版本馆 CIP 数据核字第 2024XY7270 号

责任编辑：周　林　　　特约编辑：吴　曦
印　　　刷：北京缤索印刷有限公司
装　　　订：北京缤索印刷有限公司
出版发行：电子工业出版社
　　　　　北京市海淀区万寿路 173 信箱　　邮编：100036
开　　　本：787×1 092　1/32　印张：6.75　　字数：172.8千字
版　　　次：2024 年 10 月第 1 版
印　　　次：2024 年 10 月第 1 次印刷
定　　　价：78.00元

凡所购买电子工业出版社图书有缺损问题，请向购买书店调换。若书店售缺，请与本社发行部联系，联系及邮购电话：（010）88254888，88258888。

质量投诉请发邮件至 zlts@phei.com.cn，盗版侵权举报请发邮件至 dbqq@phei.com.cn。

本书咨询联系方式：zhoulin@phei.com.cn。

目 录

猫咪驾到 ……………………………………………… 1

第1章 打造猫咪友好型的家

猫咪的休息区 ……………………………………… 4
猫窝 DIY ……………………………………………… 5
- 棉垫猫窝 ………………………………………… 6
- 编织猫篮 ………………………………………… 8
- 棉垫猫帐篷 ……………………………………… 9
- 旧 T 恤猫帐篷 …………………………………… 10
- 编织半封闭猫窝 ………………………………… 11
- "网红"猫帐篷 ………………………………… 12
- 旧毛衣猫窝 ……………………………………… 14
- 超软猫睡袋 ……………………………………… 15
- 旧木箱双层猫窝 ………………………………… 16
- 简易猫吊床 ……………………………………… 18
- 木制摇摇乐 ……………………………………… 19
食盆 ………………………………………………… 20
饮用水 ……………………………………………… 22
不同种类的水碗 …………………………………… 23
猫砂盆 ……………………………………………… 24
猫砂盆的"隐身术" ……………………………… 26

猫抓板 ·· 28

猫抓板 DIY ····································· 31

- 简易纸箱猫抓板 ···················· 32

- 圆形猫抓板 ························· 33

- 经典猫抓柱 ························· 34

- 壁挂猫抓板 ························· 36

- 躲藏式猫抓板 ····················· 37

- 转角猫抓柱 ························· 38

- 旧家具升级猫抓柱 ················ 39

玩耍 ·· 40

各种各样的玩具 ···························· 41

自由门 ·· 42

第 2 章　社　交

与铲屎官社交 ······························· 46

与其他动物社交 ···························· 48

与狗狗社交 ·································· 49

第 3 章　帮助猫咪适应环境（行为习惯化）

适应新的物品和游戏 ······················ 52

适应噪声 ····································· 53

适应航空箱 ·································· 56

航空箱罩 DIY ······························· 58

布袋 ·· 59

适应乘车 ·· 60

适应新领地 ·· 61

适应宠物医院 ······································ 62

第 4 章　帮助猫咪丰富环境

玩耍 ·· **66**

玩耍 = 捕猎 ··· 67

纸箱子 ·· **84**

纸箱城堡 ·· 87

猫爬架 ·· **88**

木箱改造猫爬架 ·································· 90

木制猫爬架 ·· 91

瓦楞纸箱猫爬架 ·································· 92

猫爬架的最佳结构 ······························ 93

梳毛蹭痒神器 DIY ···························· **94**

猫跳台 ·· **96**

旧抽屉改造跳台 ·································· 98

自制 PVC 管跳台 ······························ 99

垂直空间的利用 ································ 100

猫楼梯 ·· **102**

6 步梯 ··· 104

折叠木梯的升级改造 ······················ 105

观察外面的世界 ···························· **106**

晒太阳 ·· **108**

猫咪与植物 ······································ **110**

如何种植猫薄荷·····························115

自制猫薄荷小老鼠·························116

第 5 章 向猫咪表达爱意

如何正确抱猫·····························120

如何正确撸猫·····························121

接近陌生猫咪·····························122

如何教育猫咪·····························124

猫咪的睡眠·······························125

猫咪和小朋友·····························126

第 6 章 小猫咪的清洁与美容

小猫咪的清洁与美容·······················132

剪指甲·································134

第 7 章 小猫咪的好奇心

猫咪会吃掉它们捕杀的猎物吗···············138

猫咪到底是"黏人"还是"黏家"···········140

如何读懂猫咪的尾巴语言···················141

为什么夜晚时猫咪眼睛会发光···············145

在完全黑暗的环境，猫咪能看见吗···········147

盲猫能够捕猎吗·························148

猫喜欢甜食吗··························149

猫咪的触须···························150

弗莱门反应···························152

第8章　危　险

家中的危险···························156

猫咪坠楼····························158

有毒植物····························160

第9章　猫生的几件大事

搬家·····························164

度假·····························166

猫咪拒绝下树怎么办·····················171

如何找回走丢的猫·······················172

如何应对多猫环境·······················174

新猫与原住猫·························176

新猫与原住狗·························178

新狗与原住猫·························180

第10章　其他实用信息

宠物芯片··184

项圈··186

第11章　健康无小事

去动物医院··190

如何喂药··191

伊丽莎白圈··196

猫咪住院··197

超重猫咪··198

老年猫咪的关爱与护理······························200

笔　记··206

致　谢

向露西娅·贝利尼（Lucia Bellini）、钦齐亚·科齐（Cinzia Cozzi）、保利纳·德卢西亚（Paolina De Lucia）、劳拉·费雷蒂（Laura Ferretti）、达妮埃拉·奥利娃（Daniela Oliva）致以最衷心的感谢！

你和猫咪的冒险之旅开始啦

　　以前我们觉得，只要给猫咪充足的爱和抚摸就足以让它们开心了，但是现在我们应该明白，只有真正理解猫咪的行为，才能成为合格的铲屎官。只有打造一个能让猫咪释放天性的家庭环境，我们才能真正拥有一只快乐健康的猫咪。

欢迎新成员

　　除了我们充满爱意的温柔抚摸，猫咪还需要一个能够充分满足它的"原始需求"的家。本章这些建议能从多个方面让你的猫咪"宾至如归"。

第1章

打造猫咪友好型的家

猫咪的休息区

和狗狗不同，猫咪不会拘泥于某一个固定的休息区域，而是会充满仪式感地挑选若干个能够独自休息放松的空间。只要细心观察，我们就能看出猫咪的选择偏好。

猫咪是捕食者，同时也会被自然界中更大的动物袭击。有时候家里的猫咪会躲在奇奇怪怪的地方，如衣柜里，其实这只是它寻找的能够安安稳稳睡上一觉的地方。在大自然中，猫咪会频繁更换猫窝，以免被敌人循着气味找到踪迹，即便是被豢养在家中的猫咪，也依然保持着这个习惯。

很多材质的猫窝都能成为猫咪理想的"席梦思"：方便水洗的布猫窝、藤编猫窝、塑料猫窝，抑或是里面垫着软垫的纸箱子，如果你愿意大手笔地在纸箱子里垫上羊毛或抓绒的小地垫，那就更加完美了。你所要做的就是为猫咪选择一个隐蔽、柔软、安全感十足的角落，能够让它安心地放松，避开主人毫不掩饰的目光。

猫咪天性喜欢频繁变换休息区，所以最佳的解决方案就是多准备几个猫窝，一定要记得选择隐蔽、安静的位置，如果是高于地面的位置就更好了。很多猫咪都喜欢睡在铲屎官的床上，但这一般是它们没有其他更好选择的权宜之计。

养一只快乐猫

猫窝 DIY

棉垫猫窝

编织猫篮

棉垫猫帐篷

旧 T 恤猫帐篷

编织半封闭猫窝

"网红"猫帐篷

旧毛衣猫窝

超软猫睡袋

旧木箱双层猫窝

简易猫吊床

木质摇摇乐

棉垫猫窝

1 1. 在转印纸上画出各部分图形的轮廓，再转印到布料上。把布料对折，用大头针固定。

2

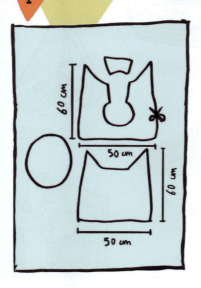

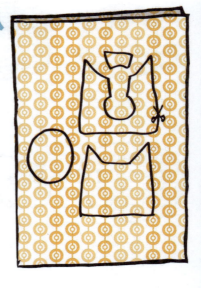

2. 沿着轮廓剪下对折好的布料，各部分得到一模一样的两片，翻过来，从反面缝好，每个部分均留 10 厘米左右的小口。

3. 通过留好的小口把缝好的各部分翻转回正面，填好填充物，将开口处用针线缝好。

4. 把猫窝的正面和背面底部与圆形连接，缝好；再把猫窝的正面与背面边缘拼好，缝合。

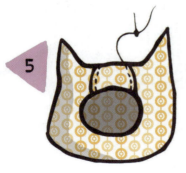

5. 把最后一个部分缝在猫窝正面，形成一个可以出入的小洞。

编织猫篮

所需材料：
✓ 8号钩针
✓ 粗毛线

1. 用8针锁链针法钩出一个环形，平针向里钩16针，滑针收尾，然后锁链针向上。

2. 以4针平针钩成一个正方形，在每个角上钩锁链针，滑针，再钩锁链针，完成一整圈。

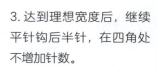

3. 达到理想宽度后，继续平针钩后半针，在四角处不增加针数。

4. 达到理想高度后，用一个隐藏结收尾。现在，猫篮就完全做好，可以迎接入住的猫咪啦。

棉垫猫帐篷

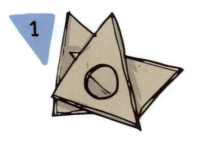

所需材料:
- ✓ 布料
- ✓ 棉垫
- ✓ 针和线
- ✓ 剪刀
- ✓ 硬纸板和马克笔
- ✓ 订书器或打钉枪
- ✓ 布带

1. 用硬纸板剪出 4 个等边三角形，边长 45 厘米，其中一个三角形留出一个直径为 25 厘米的圆洞。

2. 在三角形的两面都铺好棉垫，用订书器或打钉枪固定。

3. 用布料包住三角形，在每个角上缝上 1 条 10 厘米长的布带。

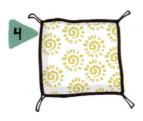

4. 用同样的方法做一个边长为 45 厘米的正方形棉垫。

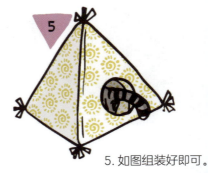

5. 如图组装好即可。

旧T恤猫帐篷

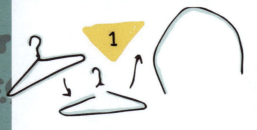

1. 用钢丝钳剪掉晾衣架的衣钩部分，把剩余部分弯成拱形。

所需材料：
✓ 2 个铁丝晾衣架
✓ 1 件旧 T 恤
✓ 1 块正方形硬纸板，边长 40 厘米
✓ 胶带、钢丝钳
✓ 1 个小垫子

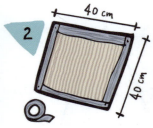

3. 两根铁丝交叉，在硬纸板上穿过小洞，在小洞底部折好，用胶带固定。

2. 用胶带把硬纸板四周加固，在每个角上打一个洞。

5. 在相反的另一面拉紧 T 恤多余的部分，打个结，让 T 恤紧贴铁丝架。

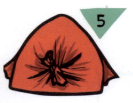

4. 把做好的铁丝架塞进旧 T 恤，调整位置，把领口对准任意一边。

6. 如果在里面放个小垫子，猫咪就会更爱这个猫帐篷啦。

编织半封闭猫窝

所需材料：

✓ 适合毛线宽度的钩针（如 8 号钩针）

✓ 细毛线

1

1. 用 6 针锁链针钩出一个环形，里面 12 针平针。滑针收尾，然后锁链针向上，继续平针，每圈增加 6 针，直到直径达到 45 厘米。

2

2. 钩边，平针钩后半针，每圈针数不增加。

3

3. 高度达到 10 厘米后滑针收尾，做出能让猫咪轻松出入的开口。

4

4. 到达理想高度（25 厘米）后，开口的上沿使用锁链针法。

5

5. 继续向上钩 5 厘米，然后开始减针（每圈减 6 针），直到结束。

"网红" 猫帐篷

所需材料：
- ✓ 4~5 根长 75 厘米的木棍
- ✓ 线或绳子
- ✓ 1 块 60 厘米 ×120 厘米的布料
- ✓ 剪刀
- ✓ 胶带
- ✓ 针和线

1. 如图所示，将 3 根木棍放置在绳子上方。

2. 按图中所示的方式打一个松结。

3. 拉紧绳结。

4. 将 3 根木棍直立起来，留出多余的绳子备用。

5. 将第 4 根木棍和其他木棍紧紧绑在一起，多余的绳子绕在绳结上。

6. 可以按需加入第 5 根木棍，和其他 4 根紧紧绑在一起。

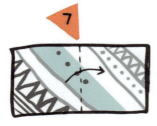

7.对折布料。

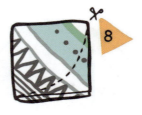

8.将对折后的布料剪成 1/4 个圆形。

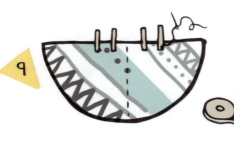

9.打开布料，把 4 条 5 厘米长的胶带按图示位置放置，缝好。

10.把胶带和捆绑木棍的绳结系在一起，让布料自然垂下来，再把布料上端缝起来，"网红"猫帐篷就完成啦。

旧毛衣猫窝

所需材料：

- ✓ 1 件旧毛衣
- ✓ 1 块 20 厘米 ×20 厘米的布料
- ✓ 1 个小垫子
- ✓ 填充物
- ✓ 针和线

1. 把毛衣翻过来，里面朝外，按图所示，在领口和胸线处缝合。

2. 把毛衣翻回正面，把小垫子塞到胸线下方形成的方形空间中。

3. 沿毛衣下缘缝好，把小垫子固定在毛衣里面，然后把填充物塞到两只袖子里。

4. 把两只袖子的袖口连在一起，缝合。

5. 两只袖子的缝合处用一块布遮盖住，缝合。

6. 柔软舒服的猫窝就做好啦。

超软猫睡袋

所需材料：
- ✓ 1 块 1 米 × 1 米的单层布料
- ✓ 1 块 1 米 × 1 米的摇粒绒布料
- ✓ 针和线

1. 把两块布料缝在一起。

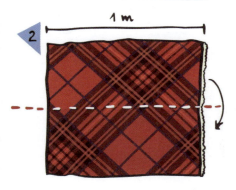

2. 对折，保持摇粒绒的一面朝外。

3. 按图所示，沿虚线处缝合，一条短边，一条长边。

4. 把睡袋翻转回正面，单层布料朝外，开口处向外翻出一部分。

5. 如图，超软睡袋就完成啦。

旧木箱双层猫窝

所需材料：

- ✓ 2 个一模一样的旧木箱
- ✓ 万能胶
- ✓ 毛毡
- ✓ 1 个小垫子
- ✓ 1 块和木箱底面积相同的木板
- ✓ 2 块宽 5 厘米、厚 1.5 厘米的木头，长度和木箱长边相等

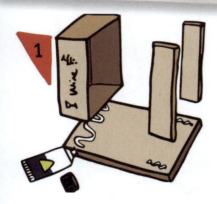

1. 用万能胶把其中一个木箱直立粘在木板的一头，将两块木头粘在另一头。

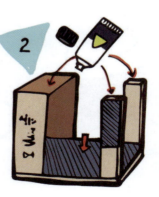

2. 裁剪好毛毡，粘在下方木板上，边料可以粘在其中一块木头上，做一根猫抓柱。在木箱和两块木头的顶部涂上万能胶。

3. 把第二个木箱放在上面粘好，然后
放一个小垫子在里面，增加舒适度。

注意：如果你使用的木箱太过粗糙，安全起见，最
好先用砂纸打磨，并在木箱里面粘上一层布料，最
后再放上小垫子。

简易猫吊床

所需材料：
- ✓ 1 件旧 T 恤
- ✓ 4 个金属环
- ✓ 4 个挂钩
- ✓ 胶带和钉子
- ✓ 针和线

1

1. 按图所示，沿胸线下方把 T 恤剪开。

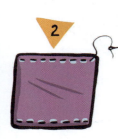

2

2. 按图所示，沿虚线把上下开口缝合。

3

3. 把金属环缝在四个角上。

4

5

注意：猫吊床可以固定在沙发、椅子或桌子下。只需将胶带穿过金属环，然后系在挂钩上。挂钩需牢牢地固定在支架上，这样猫吊床就很稳固了。

木制摇摇乐

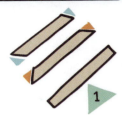

1. 使用锯和辅锯箱把木条锯成以下形状：4 根直角木条，4 根 45°角平行木条，2 根 45°角向内的梯形木条。

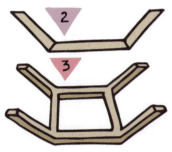

2. 对齐并涂好胶水，将 2 根 45°角平行木条分别粘在 1 根 45°角向内梯形木条的两端。

3. 重复制作相同的结构，如图所示，用 2 根直角木条把它们粘在一起。

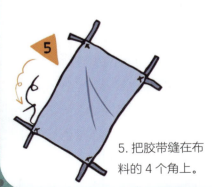

4. 将最后 2 根直角木条粘在距离整个框架末端大约 4 厘米处。

5. 把胶带缝在布料的 4 个角上。

6. 将布料紧紧系在框架上，摇摇乐就做好了。

食盆

　　市面上的食盆种类那么多，令人头大。猫家长该怎么选呢？选塑料的、陶瓷的，还是不锈钢的？到底是单碗好还是双碗好？

　　金牌猫家长的选择永远是够宽、够浅、和盘子形状接近的食盆。不锈钢、陶瓷和玻璃材质的食盆易清洗、好消毒，都是很好的选择。而塑料食盆容易出现洗洁精和气味残留的问题，长期使用可能对猫咪健康不利。猫咪是精致的生活家，对用餐感受要求极高，又宽又浅的食盆能够让它们在大快朵颐的同时无须担心胡须碰到食盆内壁。相反，如果食盆又窄又深，猫咪用餐感受不佳，那你多半会看到猫咪索性用爪子把食物从食盆里抓出来，放到地上吃，被迫擦地的你就权当这是猫咪对铲屎官餐具选择不当的控诉吧。

15cm

2cm

　　把食盆和水碗拉开距离摆放能防止猫粮污染饮水，保持饮水清洁，如此更能鼓励猫咪喝水。猫咪喜欢不被打扰的用餐环境，把食盆放在厨房里，或者其他任何安静的地方都是不错的选择。铲屎官吃完饭要洗碗，猫咪也一样，记得饭后给猫咪把食盆清洗干净。如果是多猫家庭，食盆间至少应该保持 1 米的距离，如果有特别"见饭如命"的猫咪，那就最好让它们分开房间用餐了。猫咪和铲屎官不同，它们吃饭不喜欢凑热闹，猫咪之间不能保持安全的用餐距离只会增加它们的应激反应。

在大自然中，猫咪是孤独又自我的猎手。小猫物本就不多，猫咪自然也谈不上和其他同类分享。正因如此，尽管猫咪不一定会表现出来，但多猫用餐的环境对猫咪来说无疑是非常有压力的。

感觉受到威胁的猫咪

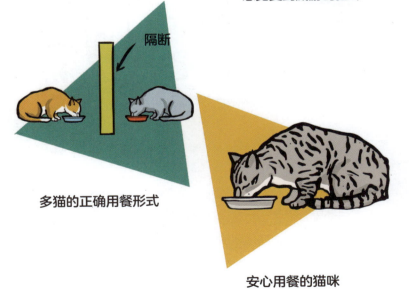

多猫的正确用餐形式

隔断

安心用餐的猫咪

饮用水

充足且干净的水对猫咪来说至关重要，多喝水是让猫咪保持健康的头等大事。学会用各种小技巧满足猫咪无可救药的好奇心，从而鼓励猫咪多喝水，也成了当代金牌猫家长的必修课。

倒水时记得把水碗倒满，这样猫咪喝水时胡子就不会碰到水碗内壁，也不会产生不适感。在猫咪日常动线上多设置几个饮水点能够有效提升猫咪一天的饮水量，铲屎官可以在家中不同位置多放置几个水碗，但注意不要把水碗放在食盆旁边。

在大自然中，猫咪的饮食中已经包含大量水分，所以和人类不同，它们并没有边吃边喝的习惯。对于猫咪这种资深的流动水源爱好者来说，猫用饮水机也是不错的选择，但是铲屎官需特别注意，一定要按时更换滤网，保持饮用水的清洁。

不同种类的水碗

猫用饮水机

猫砂盆

　　猫咪天生懂得用土壤掩埋自己的排泄物，这也是很多铲屎官钟情猫咪的原因之一。市面上常见的猫砂盆无外乎开放式和封闭式两种。

　　塑料猫砂盆是最常见也最理想不过的选择，45 厘米 × 35 厘米的尺寸，边缘高度 10 厘米，就足以满足一只体型正常的猫咪的日常使用。

　　对于猫咪来说，最完美的猫砂盆宽度是它们体长的 1.5 倍，所以在购买猫砂盆前记得考虑好你的猫咪成年后的体型再做决定（很多塑料婴儿澡盆都可以成为非常棒的猫砂盆）。

　　猫砂盆的选择和使用在培养猫咪正确的如厕习惯及避免猫咪乱拉乱尿方面尤其重要，铲屎官应该学会选择合适的位置摆放猫砂盆，同时多动手、勤铲屎，保持猫砂盆的清洁。

　　猫砂盆（开放或封闭）和猫砂的选择完全可以按铲屎官的喜好来定。数量上应该做到一猫一盆，如果家里多于 2 只猫咪，则应该遵从 N+1 原则，在一猫一盆的基础上再额外增加一个猫砂盆（例如，3 猫 4 盆）。

　　多猫家庭需要将几个猫砂盆摆放在不同的位置。如果猫咪需要长时间自己待在家里，不妨多放一个猫砂盆，这样猫咪就总能找到干净的猫砂盆使用。猫咪每次如厕后，铲屎官都应该及时清理猫砂盆，避免猫咪再次如厕时碰到没有及时清理的排泄物。也就是说铲屎官应该保证一天三次清理猫砂盆，别抱怨，谁让我们的猫咪这么"矫情"呢？

　　喜欢埋屎的猫咪需要至少 5 厘米厚的猫砂才能埋爽，不过这也

养一只快乐猫

因猫而异。无论是否埋屎，都是正常的。没有洞的小铲子是最棒的猫砂铲，不光可以铲走粪便，就连沾染了尿液的猫砂也无处可逃。有些铲屎官担心家中没有足够的空间摆放额外的猫砂盆，下文会分享一些让你的猫砂盆完美"隐身"的好办法，既能满足天生"洁癖"的猫咪，又能保持铲屎官高雅的家居品味。

猫砂

市售猫砂种类繁多，有天然的、人工合成的，以及植物来源的。结团能力好的猫砂能大幅减轻铲屎官的工作量，只需轻松一铲就能达到效果。不过无论使用哪种猫砂，一天三次铲屎都必不可少，每周要彻底清洗一次猫砂盆，换上干净的新猫砂。也别忘了，即使是独宠家庭，有些猫咪也需要两个猫砂盆。

如果遇到猫咪乱拉乱尿的情况，应该首先考虑健康问题，这可能是猫咪在提醒你它的身体出现了不适。这里请铲屎官们画个重点，猫咪乱拉乱尿并不是为了报复你，猫咪乱拉乱尿并不是为了报复你，猫咪乱拉乱尿并不是为了报复你，重要的事说三遍。如果出现了乱拉乱尿问题，一定要尽早确定原因并且引导改正，防止长此以往，行为固化。如果问题得不到解决，那么请向行为学专家求助，他／她能帮你找出引导猫咪正确使用猫砂盆的办法。朝你的猫咪大吼大叫毫无意义，只会破坏你们之间的感情，还会让可怜巴巴的猫咪压力倍增。

各种样式的猫砂铲

用洗衣液瓶自制猫砂铲

猫砂盆的"隐身术"

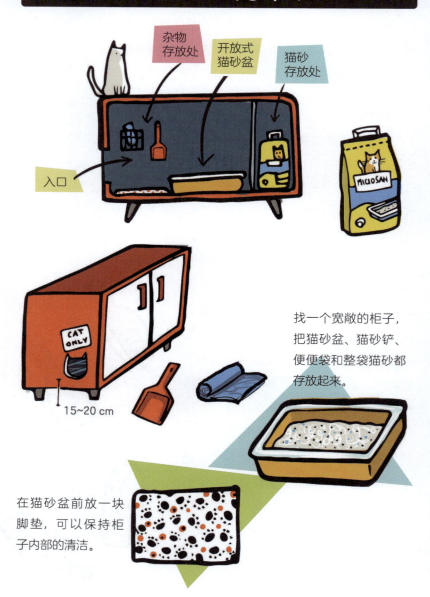

杂物存放处

开放式猫砂盆

猫砂存放处

入口

MICIOSAN

CAT ONLY

15~20 cm

找一个宽敞的柜子，把猫砂盆、猫砂铲、便便袋和整袋猫砂都存放起来。

在猫砂盆前放一块脚垫，可以保持柜子内部的清洁。

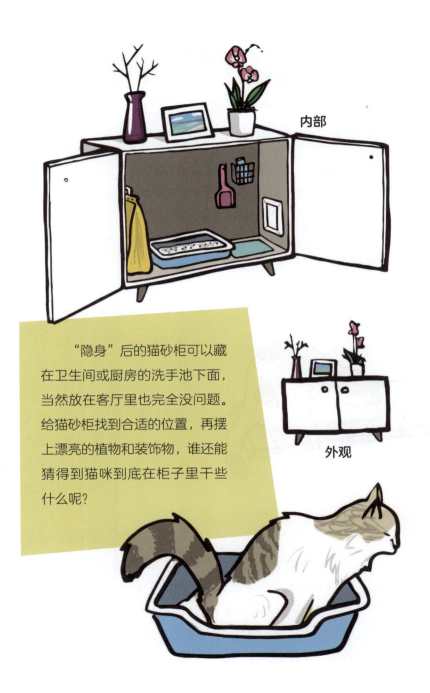

内部

"隐身"后的猫砂柜可以藏在卫生间或厨房的洗手池下面，当然放在客厅里也完全没问题。给猫砂柜找到合适的位置，再摆上漂亮的植物和装饰物，谁还能猜得到猫咪到底在柜子里干些什么呢？

外观

猫抓板

猫咪也需要"美甲"。很多人总以为猫咪磨爪是为了保持爪子的锋利，其实并不尽然。猫咪磨爪的天性背后另有原因，其中一个原因就是猫咪要在视觉上和嗅觉上留下自己的痕迹，以达到交流目的。在垂直或水平的表面磨爪，猫咪能够留下清晰可见的印记，而通过爪子肉垫上的趾间腺所释放的信息素（也称费洛蒙），猫咪也能在磨爪时留下自己的味道。另外，猫咪在磨爪时能够伸展身体，保持关节的灵活性和肌张力，这对于它们在自然界中的生存至关重要。即使住在家里，它们也需要以此保持身体的健康和活力。

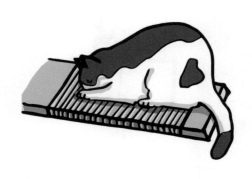

磨爪也是猫咪的一种自我训练，能够时刻让爪子保持最佳状态，方便捕猎。最后就是实实在在的"美甲"功能了，通过磨爪，猫咪可以磨掉外层甲鞘，让更新、更尖锐的指甲长出来。

综上所述，磨爪对猫咪的身心健康起到了非常关键的作用。也正因如此，家中的猫咪总是会对家具"下手"。

金牌猫家长养大的猫咪绝对不会在铲屎官最爱的沙发上做"美甲"，因为聪明的铲屎官早已备下材质和形态各异的猫抓板，供猫咪解决磨爪的需求。

市面上的猫抓板琳琅满目。通常来说，猫咪喜欢宽度够宽的平面猫抓板，家里进门处常用的棕榈脚垫和地毯都能成为它们磨爪的绝佳工具。直立猫抓柱一定要足够稳定、足够粗糙、足够高（至少80厘米），这样猫咪才能在磨爪时痛快地舒展身体。直立猫抓柱可以是木质的，也可以是其他材质的（直径12~15厘米），用麻绳、地毯布料或其他表面粗糙的材料包裹。猫爬架就是众多猫抓柱中猫咪无法抗拒的一种（见本书第88页）。无论你选择哪一种猫抓板或猫抓柱，都应当满足以下3个条件。

🐾 **高度：**足够高，能让猫咪在磨爪时完全伸展身体。

🐾 **稳定性：**颤颤巍巍的猫抓板或猫抓柱会让猫咪觉得不够安全。

🐾 **位置：**摆放在磨爪痕迹能够被猫咪清晰看到的明显位置。

引导猫咪使用猫抓板

摆放位置合适的猫抓板才能入猫咪的"法眼"。猫抓板摆放的位置应该能让猫咪清晰地看到自己的磨爪痕迹，同时离猫咪睡觉的地方近一些。没有什么比一觉睡醒后先磨磨爪，伸个懒腰，然后舒展一下更美的事了。当第一次带一只猫咪回家时，无论猫咪的年龄大小，最先介绍给它的好朋友就应该是它的猫抓板。你可以用一根绳子在猫抓板或猫抓柱旁上下晃悠，吸引猫咪的注意力，引导猫咪磨爪，感受"美甲"快感。如果你的猫咪已经开始在沙发或椅子上磨爪，那么我们就需要转移一下它的磨爪目标了。可以把猫抓板或猫抓柱摆在沙发或椅子的正前方，在猫抓板或猫抓柱上移动绳子来吸引猫咪，每天重复两三次，直到猫咪养成正确的磨爪习惯。在猫咪完全适应了正确的磨爪地点后，猫抓板或猫抓柱才可以被挪走。

大自然中的猫咪

一定记得，磨爪是猫咪天性使然，并不是它们故意搞破坏，毕竟，小猫咪能有什么坏心眼呢？金牌猫家长会为猫咪提供适宜的磨爪场所，这才是保护家具的王道，对着猫咪大呼小叫暴跳如雷只会适得其反。

家中的猫咪

养一只快乐猫

猫抓板 DIY

简易纸箱猫抓板

圆形猫抓板

经典猫抓柱

壁挂猫抓板

躲藏式猫抓板

转角猫抓柱

简易纸箱猫抓板

所需材料:
- ✓ 硬纸箱
- ✓ 剪刀或裁纸刀

1. 找一些底部约为 50 厘米 × 50 厘米的硬纸箱。

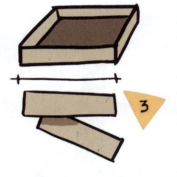

2. 按图所示，沿纸箱底部 10 厘米处剪开。

3. 测量纸箱的边，剪出若干长度相同、宽 10 厘米的矩形纸板。

4. 把矩形纸板塞进纸箱底部，塞紧一些，塞满纸箱。

5. 简易猫抓板就做好啦。

圆形猫抓板

所需材料：

- ✓ 硬纸箱
- ✓ 裁纸刀
- ✓ 胶水或胶带
- ✓ 装饰贴纸

1. 从硬纸箱上裁出若干宽 10 厘米的纸板。

2. 把 1 张硬纸板紧紧卷起来，用胶水或胶带固定。

3. 由中心向外，逐渐增加硬纸板，扩大圆盘。

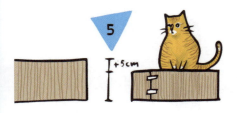

4. 直径达到 40 厘米即可，外层加上一圈高度更高的外沿。

5. 使用 15 厘米高的硬纸板紧贴外沿继续向外缠绕，直到直径达到 45 厘米。

6. 在最外层按自己的喜好贴上装饰贴纸。

经典猫抓柱

所需材料:

✓ 大小为 50 厘米 ×50 厘米,
厚度为 2 厘米的木板

✓ 长度为 80 厘米,宽度、高
度各为 10 厘米的木桩

✓ 织物(如剑麻布)

✓ 4 个 L 型金属支架

✓ 裁纸刀

✓ 螺钉

✓ 螺丝刀

✓ 铅笔

✓ 胶水

1

1. 确定木板中心。

2

2. 把 4 个金属支架分
别钉在木桩底部四周。

3

3. 把木桩钉在正方
形木板的中心。

4

4. 把织物(如剑麻布)
粘在木桩上,完全包裹
住木桩和金属支架。

5. 把织物裁剪出合适的大小，如图所示，边沿留出足够的物料，以便包裹住底座。

6. 如图所示，把裁剪好的织物粘在正方形底座上，经典猫抓柱就做好啦！

也可以尝试制作更加复杂、有创意的猫抓柱，如右图所示的有斜坡和休息平台的猫抓柱。

壁挂猫抓板

所需材料:

✓ 1 块 50 厘米 × 50 厘米的木板

✓ 1 块 40 厘米 × 40 厘米的织物
（如剑麻布）

✓ 胶水

✓ 螺钉

1

1. 在织物（如剑麻布）背面涂好胶水，粘在木板上。

2

2. 让胶水充分晾干，然后用四个螺钉把木板固定在墙上。

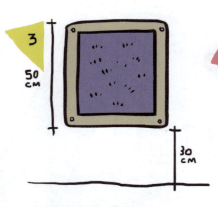

3

50 cm

30 cm

3. 高度距离地面大约 30 厘米，这样能够保证猫咪充分延展身体。

4

躲藏式猫抓板

所需材料：
- ✓ 3 块 45 厘米 ×55 厘米的木板
- ✓ 胶带
- ✓ 胶水
- ✓ 1 块 140 厘米 ×55 厘米的织物（如剑麻布）

1. 把 3 块木板组合成一个等边三角形。

胶带

2. 用胶带把木板固定住。

3. 在 3 块木板表面均匀涂抹胶水，把织物（如剑麻布）粘上去。

转角猫抓柱

所需材料：
- ✓ 2 块 25 厘米 ×50 厘米的木板
- ✓ 2 个 L 型支架
- ✓ 螺钉和螺丝刀
- ✓ 胶水
- ✓ 1 块 50 厘米 ×50 厘米的织物
（如剑麻布）

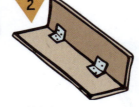

2. 调整角度，将另一块木板也钉在支架上固定好。

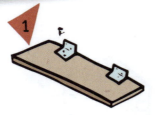

1. 在其中一块木板边沿把 L 型支架钉好。

3. 在向外的一侧涂上胶水，粘好织物（如剑麻布）。

4. 固定在墙上，猫咪会超级喜欢。

旧家具升级猫抓柱

你的想象力有多丰富，就能创造出多丰富的猫抓柱，有了之前教程中简单易学的小技巧，你完全可以开动脑筋，设计和建造自己的猫抓柱。

去阁楼或地下室把那些尘封的旧家具都拿出来吧，升级改造成猫抓柱，赋予它们新的生命。

玩耍

对于小奶猫的健康成长来说，玩耍必不可少。而对于成年猫来说，玩耍同样至关重要，因为玩耍模拟了自然界中的猫咪每天会花上大量时间去做的一件事——捕猎。猫咪是天生的猎手，它们从幼年期就开始捕猎，一生都在磨炼自己的技巧，更稳、更准、更狠，这样才得以在大自然中生存下来。虽然家庭豢养的猫咪早已不必再担心食物来源，但是它们仍然需要"捕猎"，所以金牌猫家长应该做到每天 5 次和猫咪进行"捕猎式"玩耍，每次至少持续 5 分钟。这样一来，即使是豢养在家中的猫咪，也得以继续那些它们在大自然中所钟爱的活动，猫咪的生活质量也得到了提升。

在大自然中，猫咪最喜欢的猎物是小型啮齿类动物、鸟类和蜥蜴，所以"捕猎式"玩耍中最好的道具就是这些能让它们联想到天然猎物的小玩具。不管是逗猫棒、绳子、玩具老鼠，还是带羽毛的玩具、各种球，甚至只是一个瓶盖，只要能帮猫咪插上想象的翅膀，那就都是好玩具。

各种各样的玩具

各种球

逗猫棒

小猎物

自由门

　　自由门指的是在家里的门或墙上开个带活页片的小洞，这样一来无论是去阳台上晒晒太阳还是去花园里散散步，猫咪都能随时自由出入。市售的猫咪自由门足以满足各种厚度和材质的门洞。最常见的款式就是上沿固定，下沿可以前后开合的自由门，但这种自由门的缺点是任何猫咪都可以随意进出，不受铲屎官控制。一些自由门自带四种模式（只进不出，只出不进，常开，常关），让铲屎官能够选择猫咪自由出入的方向及时间。

　　当我们想让猫咪留在室内不要外出时（晚上或任何你觉得危险的时候），我们可以在自由门前放置一些视觉障碍物（如一块硬纸板），这样猫咪就明白门是锁着的，出不去了。这个简单的动作会防止固执的猫咪站在自由门前不离开，不断挠或

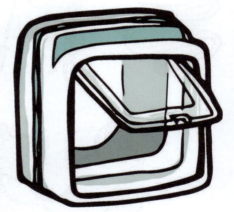

者喵喵叫。一些自由门安装了电磁感应系统，和安装了磁铁的特殊项圈配套使用，只有戴着配套项圈的猫咪才能被自由门识别，同时自动解锁。这样一来陌生猫咪就被拒之门外了。另一种更高级的自由门连配套项圈都不需要，它

们自带能够识别猫咪芯片号码的读取器，这种自由门可以识别各式各样的猫咪芯片，只有在系统中注册过的芯片号码才会被识别，这些猫咪才能被允许自由出入。这种自由门需要插电使用，耗电量很低，同时配有备用电池，停电时也能继续工作。不难看出，市面上的自由门完全能够满足铲屎官的各种需求（各种墙体、木头、塑料、金属及玻璃等），安装也非常方便。如果你想在玻璃上安装自由门，那么最好找专业的工作人员帮忙。

需要特别注意的一点是，你得把自由门安装在适宜的高度。通常来讲，自由门应该安装在和猫咪爪子自然抬高时齐平的高度，如果太低，猫咪需要俯身进出；如果太高，猫咪出入时又会磕到肚子。这两种情况都会让猫咪对自由门产生抵触，不愿使用。大部分猫咪自然而然就能学会使用自由门，而有些猫咪需要特别引导，但只要铲屎官保持足够的温柔和耐心，没有什么是猫咪学不会的。如果想教会猫咪使用自由门，你只需撑着小门，在门的另一边放一些小零食引导猫咪通过，然后不断重复这个动作，每次把门洞开得更小一些，直到猫咪学会用头或爪子自己顶开洞门出入。

猫咪从 3 周龄开始直到 7~9 周龄，是社会化的黄金时期，在这期间，猫咪开始识别与它们共处的人类和其他动物，开始明白他们是朋友，不是敌人，也开始习惯和他们一起生活，不再感到有威胁和畏惧。

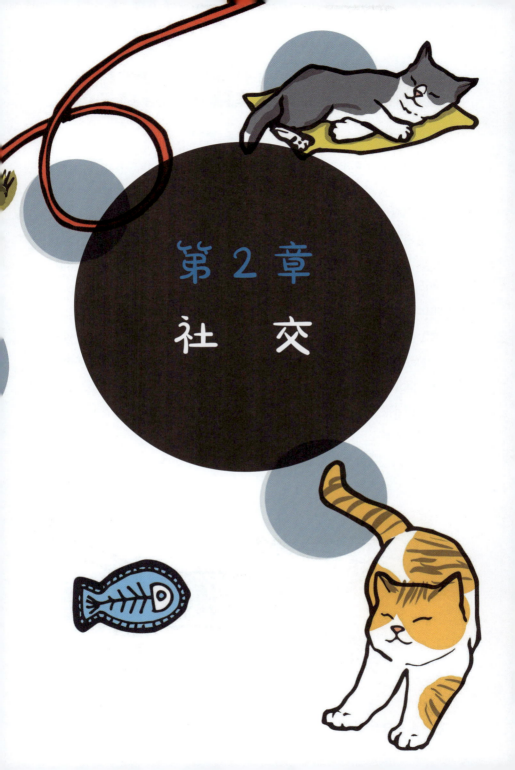

第2章
社　交

与铲屎官社交

　　自然界中的猫咪会把人类看作敌人（捕食者），因此会自然而然地躲避人类。很多时候我们看到一只怕人的猫咪，总会脑补大戏，觉得猫咪一定被虐待过。其实大多数情况下，未经社会化的猫咪仅仅是看到人类就会感到非常害怕。如果猫咪从幼年期就开始社会化训练，接触各种各样的人，它们就会把人类当作朋友，与人类的互动也更加平和。在猫咪的世界里，女人、男人、人类幼崽和老人是四种完全不同的生物，所以在社会化阶段，最好让猫咪和这四类人都做接触。一个常年和女性生活在一起的猫咪（因此更熟悉女性特定的动作、音色、声调和气味），很有可能一见到男性或孩子就吓得一溜烟逃走了。对于猫咪来说，人类幼崽声音尖锐又聒噪、动作夸张且不协调、脾气秉性难以捉摸，这些都有可能让一个未经社会化的猫咪感到恐惧。

　　幼猫时期的经历对猫咪的一生影响最为重大，只有早期进行社

会化训练的猫咪，长大后才能情绪平稳，不易受到惊吓。所以，在幼猫阶段，我们应该让猫咪接触包括人类幼崽在内的各式各样的人，但是也要记得：不要强迫它们，循序渐进。最初，可以先让猫咪只接触一个人，等到猫咪完全习惯，觉得安全后再让它接触其他性别、年龄各异的人。这样猫咪就能习惯和各种各样的人相处。

如果有客人来家里拜访，铲屎官应该教会他们如何与猫咪互动。客人可以尝试和猫咪进行"捕猎式"游戏，让猫咪把客人来访和游戏的喜悦联系起来（带羽毛或者"钓竿"式的逗猫棒都是不错的选择，甚至可以扔扔小零食让猫咪"捕猎"）。金牌猫家长应该提醒你的客人抑制住抱猫的冲动，管住他们即将伸向猫咪的双手。才刚刚认识就强行搂抱，哪只正经的小猫咪会愿意呢？这样做只会让猫咪想要逃跑，离你越远越好。

幼猫，甚至很多成年猫，看到陌生人的第一反应都是赶紧逃走，所以一听到门铃响，猫咪可能就会找一个安全的地方躲起来，直到"入侵者"离开，它们才会再次现身。

与其他动物社交

在猫咪几周大时，就应该让它们和未来的动物家庭成员见面了。我们有时候会听说猫咪和老鼠幸福地生活在一起的故事，但是无论猫咪的社会化做得多好，这种共处都是十分危险的。

让猫咪和啮齿类动物（如老鼠、松鼠、沙鼠、天竺鼠）一起生活，简直就是在考验猫咪的自制力，因为在自然界中，啮

齿类动物正好是猫咪最喜欢的大餐。不过，在幼年时期就开始互相接触的兔子和猫咪，还是可以和平共处的。别忘了，兔子也需要一个适合其成长的生活环境，比如一个小花园。

与狗狗社交

　　如果猫咪未来的伙伴是狗狗，那么猫咪和狗狗都应该在彼此几周大时就开始接触。这种接触需要铲屎官有足够的耐心。一开始猫咪和狗狗见面时应该保持距离，任何人为强制的见面都是不可取的，比如让它们鼻子对鼻子或者把装着猫咪的航空箱直接摆到狗狗鼻子前。在家里安装宠物门是不错的选择，既能把猫咪和狗狗分隔在两个不同的房间，保持安全距离，也方便铲

屎官观察它们的行为。在铲屎官能够保证猫咪和狗狗不会互相伤害之前，所有的猫狗互动都应该在监督下完成。

所谓适应环境（行为习惯化），指的是动物对于周围环境产生的视觉、听觉、触觉、嗅觉及味觉刺激的承受能力。一只猫咪在幼猫时期就应该开始行为习惯化训练，日后它才得以适应家庭生活中出现的各种场景。

　　幼猫到家后，就像开启了新世界的大门，会接触到各种各样和以前习惯的生活环境完全不同的东西。电视、音响、吹风机、吸尘器、门铃、榨汁机、高压锅，还有各种在我们眼中稀松平常的家具，都可能吓坏一只未经行为习惯化训练的猫咪。猫咪在家中所接触的一切，无论声音、气味、触觉，还是各种新体验，都需要循序渐进，由铲屎官尽可能平静地介绍给猫咪。需要给予猫咪充足的时间和耐心，让它们理解、消化、记住这些环境中的新刺激。如果在这个阶段猫咪得到了良好的行为习惯化训练，那它一生都会是勇敢且淡定的。

第3章

帮助猫咪适应环境
（行为习惯化）

适应新的物品和游戏

让猫咪多参与各种各样的游戏有利于它们熟悉不同的游戏形式、不同材质的表面、不同的声音及气味。即使是同类玩具，对于猫咪的爪子来说，触感也完全不同。比如一个乒乓球和一个布球，一个塞着小石子的玩具老鼠和一个塑料玩具老鼠，一根绳子、一根毛线或是一条胶带，这些对猫咪来说都是天差地别的游戏体验。有的时候，外界的物品（如草、木头、纸袋、纸箱子）也会给猫咪带来有趣的感官刺激，所以让猫咪接触各式各样的玩具并且不断重复这种体验是十分重要的。

适应噪声

吸尘器在猫届早已"臭名昭著"。想让猫咪适应吸尘器的噪声，首先应该让猫咪在吸尘器关闭的时候闻一闻，看一看。别急着打开，先把吸尘器拿起来，动一动，让猫咪明白，吸尘器并不是什么可怕的怪兽。下一个阶段，可以在猫咪游戏时，在另一个房间打开吸尘器，如果看到猫咪没有很惊恐，就可以逐渐移动吸尘器，慢慢靠近猫咪，但猫咪和吸尘器的距离应该始终保持在 2 米以上。这种方法适用于任何发出令猫咪讨厌的噪声的物体和电器。想让猫咪适应新的玩具也可以尝试这个方法，可以帮助猫咪减轻恐惧。

金牌猫家长要记住，猫咪的听力远远优于人类。对我们来说很微小的声音，对于猫咪来说可能就是无法忍受的声音。所以，掉在地上的锅盖、正在甩干的洗衣机、榨汁机、音乐、门铃、吹风机、电视、烟花、对讲系统，这些家庭中很常见的东西所发出的声音都会被猫咪的耳朵无限放大。如果不能习惯这些声音，猫咪一定会感到无比恐惧。铲

屎官可以先把这些声音从网络上下载下来，放给猫咪听。最好在猫咪进行捕猎游戏的时候放，音量小一些，等到猫咪适应了再把音量慢慢调大。

如果家里即将迎来小宝宝，猫咪也需要铲屎官帮它们做好迎接小主人的准备。但是，请不要把人类幼崽的尿布从医院带回家给你的猫咪闻！需要让猫咪习惯的是人类幼崽的噪声而不是气味，通常让猫咪感到恐惧的是孩子的哭声，所以给人家闻尿布是什么迷惑操作？铲屎官可以在网上提前下载好婴儿的哭声，从孕期就给猫咪播放，每周一次。和适应其他声音一样，开始时音量应该尽量小，不要吓到猫咪，如果猫咪在这个阶段受到惊吓，可能会影响日后适应婴儿哭声的效果。等到猫咪习惯了这个音量，再慢慢调大，直到音量达到真实的婴儿哭声那么大。每次给猫咪播放声音时，我们都应该用游戏吸引它们的注意力，这样它们就不会完全聚焦在声音上。所以在白天猫咪习惯捕猎时播放这些声音，效果是最佳的。

猫咪对噪声的敏感度

猫咪是动物世界中听力最敏锐的动物之一。它们不仅听力范围大，还能准确定位声音的来源。无论低频、中频的声音，还是高频和超高频的声音，它们都能应对自如。

养一只快乐猫

　　你没看错，猫咪的确可以接收那些由小猎物发出的、连人耳都无法识别的超高频信号，猫咪需要准确定位这些信号，这样不擅长长跑的它们才能完成快而短的伏击。猫咪的猎物活动范围大、体型小，又喜欢在清晨或夜间光线不足的时候活动，这时猫咪两只巨大的外耳就成了捕捉猎物信号的雷达。猫咪的外耳由 30 多块肌肉组成，能够 180°旋转，并且能够独立上下移动或做画圈运动。外耳的内部表面上有一系列褶皱，可帮助猫咪收集、放大声音并将其传入内耳。这就意味着猫咪能够在 2 米开外的距离清晰辨别相距仅 8 厘米的不同声源，即便在 20 米外也能清晰判断相距仅 40 厘米的不同声源。因此，猫咪能够毫不费力地迅速接近猎物，出其不意地把它抓住。猫咪出色的听力是把双刃剑，既把它们变成强大的猎手，也无限放大了对人类来说无比寻常的声音，使这类声音成了对于猫咪来说震耳欲聋的噪声。

适应航空箱

舒适且安全的航空箱在猫咪出行时必不可少。市售的航空箱种类繁多，大小、形状各异。最佳选择是能够从上面打开的塑料航空箱，金属网格的航空箱也是可以的。如果使用金属网格的航空箱，那么最好盖上一块毯子或者罩个外罩，保护胆小的猫咪。如果猫咪性格大胆外向，那么让它看看外面的风景也是不错的选择，外罩不罩也罢。冬天时航空箱外罩能起到保温作用，夏天就免了，让航空箱上的透气孔充分发挥它们的作用吧。

这里不推荐使用太过柔软的猫包，对于猫咪来说这样的"座驾"既不安全也不舒服。藤编或类似材质的航空箱也不理想，通常这种航空箱的"安全锁"一点儿也不安全，看医生时还容易出现无法把猫咪抱出来的尴尬状况。

购买航空箱时的另外一个建议，就是记得选择易清洗、易消毒的材质。猫咪感到害怕时，比如去宠物医院看医生的时候，爪子上的趾间隙就会释放标志着警示信号的信息素，这种信息素也会留在航空箱底

部。如果没有在出行后及时清洗航空箱，那么下次猫咪进入航空箱后就会闻到上次残留的信息素，它会立刻开始警惕和害怕。金牌猫家长需要记得，航空箱是猫咪的终生"座驾"，所以第一次让猫咪使用航空箱的时候要格外小心，记得在里面垫个小垫子，摸摸猫咪，轻柔地和它说说话，让它有足够的安全感。

铲屎官应该让猫咪和航空箱建立正向联系。使用航空箱出行时应该时刻谨记轻拿轻放，不要拎着箱子来回摇晃或者撞到其他物体，别忘了你本就胆小的猫咪还在里面呢。

训练猫咪适应航空箱时，铲屎官应该把航空箱打开，放置在家中，让它成为猫咪熟悉的日常物品。如果在里面放个小垫子，那猫咪甚至可以把航空箱当作猫窝，日后出行也会简单得多。箱门后置的航空箱在关门时注意不要产生突然的噪声，以防吓到猫咪。从幼年时代期起，猫咪就应该被训练把航空箱当作避风港，铲屎官可以在航空箱中留下一些玩具和小零食，或者干脆把航空箱做成舒服的猫窝，借此让猫咪爱上航空箱。

航空箱罩 DIY

毯子

布袋

贴合版布罩

钩织罩

布袋

所需材料:
- ✓ 布料
- ✓ 绳子
- ✓ 安全别针
- ✓ 针和线

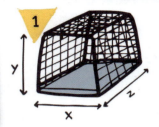

1. 测量猫笼尺寸。

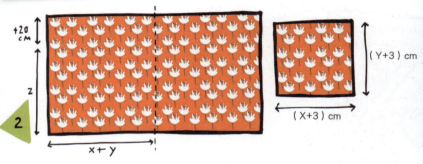

2. 保持面料的长边是（X+Y）长度的 2 倍，短边是（Z+20）厘米。再剪裁一块尺寸为（X+3）厘米乘以（Y+3）厘米的布料。

3. 缝合边缘，然后把长边向下折，单针缝边固定，最后用安全别针作引导，把绳子穿过整个长边。

4. 把小块布料做成的底部缝在大块布料上，然后反过来，布袋就制作完成了。

适应乘车

不使用航空箱而是直接把猫放在车里的做法，无论对人对猫都是十分危险的，而且在很多国家和地区，这也不符合法律要求。使用航空箱是猫咪乘车唯一安全的做法。

对于一个没有适应乘车外出的猫咪来说，车子本身和外界环境中的各种噪声和动作都会让它感到害怕。

在刚刚开始帮助猫咪适应乘车的阶段，铲屎官可以把航空箱盖好放置在车里，确保车子是熄火状态。这时候可以和猫咪玩一会儿，或者给点小零食。然后可以尝试原地不动，发动车子，再和猫咪玩一会儿，奖励一点小零食。这样重复训练几天，猫咪对车子已经不再陌生，你就可以开始尝试极短途的旅行了，记得不要第一次就开车带你的猫咪去宠物医院打疫苗，否则猫咪会把乘车和负面情绪关联起来。如果猫咪晕车，那么记得把航空箱放在座位前方的地面上。

适应新领地

一只习惯旅行的猫咪能够轻松适应寄养生活，也可以随时陪伴我们外出去度假，或者在我们需要长途旅行时暂住在朋友家。

想让猫咪做到这一点，铲屎官需要在猫咪幼年时期就开始带它走亲访友，让它慢慢习惯。当然，别忘了带着它的猫砂盆，出发前也要确保亲友家中没有其他动物，否则很容易被人家的"一家之主"当作不受欢迎的入侵者，做出不友好的反应，给小奶猫幼小的心灵留下无法弥补的创伤。

适应宠物医院

　　想要猫咪不惧怕去医院，就要让它们熟悉和适应宠物医生会进行的各种操作。我们要训练猫咪适应医生的初诊，即使是那些它们不愿意被触碰的部位。猫咪应该学会适应耳朵检查，习惯被轻轻撩开上唇检查牙和牙龈，适应眼睛检查和毛发检查，适应触摸颈部（通常在驱虫操作中出现）、掀起尾巴以及按摩小肉垫等各种操作。这些动作应该尽量轻柔、缓慢、循序渐进，一开始可以一天一次。完成这些操作后记得马上奖励猫咪一个小零食。在家里训练时，可以在桌子上铺好一块和宠物医院一模一样的垫子，然后让猫咪在桌子上接受适应训练。

　　这样猫咪真的需要去宠物医院做检查的时候，也不会非常紧张害怕，因为对它们来说这些都已经是习以为常的事了。

检查耳朵

触摸颈部

检查牙齿

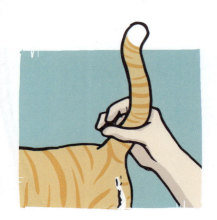

掀起尾巴

检查眼睛

第4章

帮助猫咪
丰富环境

玩耍

玩耍 = 捕猎

　　为了猫咪的心理健康，我们应该尽量多地鼓励它们练习捕猎。捕猎既有益猫咪的心理健康，也能避免它们过度慵懒肥胖，从而影响身体健康。另外，如果猫咪没有小玩具可以互动捕猎，那么它们可能会把精力发泄在家里的其他地方，这对我们的家具来说实在不算是个好消息。

　　宠物用品商店出售各种各样的猫咪玩具，当之无愧的玩具之王有三个，它们就是装着响纸能模拟老鼠声音的玩具老鼠，钓竿式逗猫棒，以及羽毛逗猫棒。还有些时候，最简单的小东西也能让猫咪开心好一阵子，比如一个小栗子、小榛子，一个红酒塞子或者任意材质的小球（乒乓球或者简单地用锡纸团个球儿，等等）。很多玩具小球虽然外形相似，但质地不同，也会给猫咪带来截然不同的玩耍体验。金牌猫家长需要注意，每日循环使用不同的玩具陪猫咪玩耍，如

果同样的玩具每天都放在外面，那么对于猫咪来说，玩具就会成为周围环境的一部分，它们也会因此失去兴趣。

DIY 小猎物

除了在专业的宠物用品商店购买玩具，自己动手制作也是十分有趣的过程。如果想做一只玩具老鼠，最简单的办法就是绕一个毛线球，然后把末端系好，防止开线。用钩针编织，或者利用布料、硬纸板甚至是红酒塞子制作小猎物都是不错的办法。打个比方，我们可以给红酒塞子编织一个外套，再在末端加上一段小绳子当作尾巴，或者挂上一个小铃铛，对猫咪来说，这就是一个很有意思的"小猎物"了。另一个制作简易小玩具的方式就是"打结法"，剪下 4 条稍有弹性的 20 厘米长的胶带，或者索性把旧 T 恤剪成条状作为材料，把胶带条 / 布条系在一起，玩具就做好了。卫生纸卷筒也有不少用处，剪成宽度为 1 厘米左右的圆圈，互相套在一起粘好，就能做成一个猫咪喜欢的玩具球。

卫生纸卷筒还能制作另外一种简单的玩具，把卷筒剪成 4 厘米左右宽的圆环，然后用剪刀在圆环两边各剪出一排 1 厘米左右的"头帘"，最后把这些"头帘"向外折，一个能让猫咪捕猎消磨时光的小玩具就完成了。

厨房用纸的硬纸板卷筒也能用来制作很多"动起来"的玩具。

把卷筒相对的两边各穿一个洞，穿过一条 1 米长的绳子，两头系紧，把卷筒挂在合适的地方。卷筒下方剪几个小洞，穿上一些柔软轻盈的羽毛，稍稍一吹，羽毛就会摆动，吸引猫咪的注意力。如果你擅长钩织，那么你的创意空间就更大了，钩织一个漂亮可爱的八爪鱼是个不错的主意，猫咪最喜欢玩它们又长又软的触须了。

布艺老鼠

猫咪总是对硬纸板情有独钟，而金牌猫家长可以很好地利用这一点，制作硬纸板球来满足猫咪玩耍时的触觉需求。

在硬纸板上剪下 3 块直径 4 厘米左右的圆形，在每个圆形上剪 3 个开口，这样就能轻松地把它们拼插到一起，组成一个硬纸板材质的玩具球。

很多猫咪有抓到猎物后前腿抱紧猎物，后腿蹬踹猎物的习惯，筒式的玩具方便猫咪进行抓抱和蹬踹的动作，最为理想。空的塑料瓶也可以二次利用，成为猫咪的新玩具。

DIY 逗猫棒

逗猫棒绝对是猫咪最喜欢的玩具，没有之一。

金牌猫家长插上想象的翅膀，就能自己动手制作各种各样猫咪钟爱的逗猫棒了。我们需要一根木棒，木棒的一端嵌入一个螺钉，然后剪一些 50 厘米长的布条备用。

用一根绳子把布条从中间系起来，把布条稍做梳理，最后把绳子固定在木棒的螺钉上。我们也可以把梳理整齐的毛线直接固定在螺钉上。

另外，也可以尝试剪一些 50 厘米长的绳子，固定在木棒一端的螺钉上，然后在绳子上粘上如羽毛、流苏这样的小点缀。

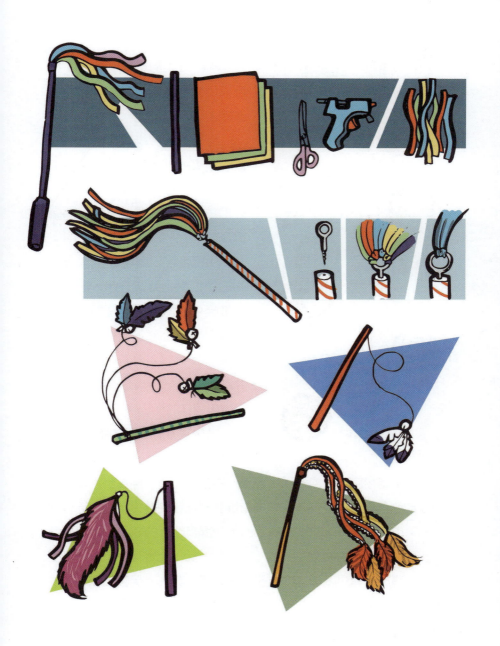

各种小球

各种材质的小球制作简单，且很受猫咪喜爱，是最好的玩具选择之一。

用叉子和毛线就能制作出可爱的小毛线球。想做更大一些的球，可以把毛线缠在手上来做。把毛线从中间系紧，然后把两端剪开，一个大毛线球就做好啦。

我们也可以剪出两个大小相同的硬纸板，叠在一起，把毛线从纸板中心的环上一圈圈缠绕，直到毛线完全覆盖纸板。最后从两个纸板中插入剪刀，剪开毛线并在中间系好，用这个方法也可以做出同样的毛线球。

猫咪喜欢所有能够自如滚动的圆形物体。

迷你毛线球

除了宠物店购买的各种玩具球，能像小猎物一样发出声音且迅速滚动的乒乓球也是猫咪在家捕猎玩耍时不错的选择。哪怕铲屎官自己简单地团个普通纸球或者锡纸球，也能起到娱乐猫咪的作用。

另一个好玩的游戏是猫咪"盲盒"。找一个 35 厘米长，15 厘米宽，高度不超过 8 厘米的盒子。在盒子上剪几个足够猫咪爪子进出的洞口，在盒子里放两三个乒乓球，然后就让猫咪自己去发掘"盲盒"的魅力吧。

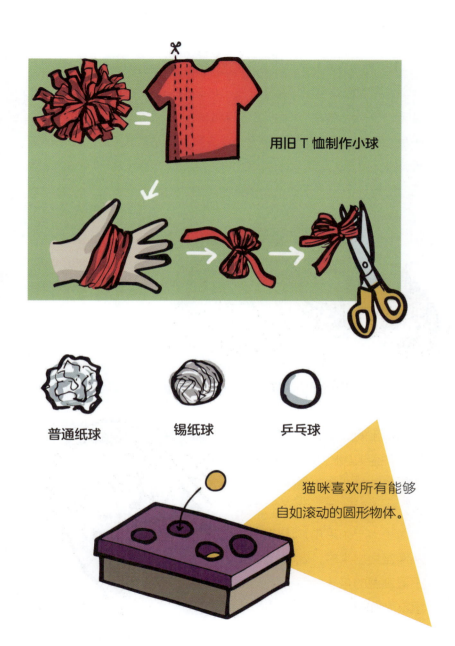

用旧 T 恤制作小球

普通纸球　　　　　　锡纸球　　　　　　乒乓球

猫咪喜欢所有能够
自如滚动的圆形物体。

戏水游戏

我们首先要揭开"猫咪讨厌水"这个说法的神秘面纱。其实，很多猫咪都喜欢玩水，还能开发出与之相关的许多有意思的游戏。猫咪还很喜欢直接去喝水龙头里流出来的水，边喝边用爪子玩水，还有些猫咪会把爪子放进水碗里"洗脚"，或者把玩具扔进水碗里再"钓"出来。这些其实都是好事，因为猫咪在玩水的同时也会舔舐自己的爪子，这促进了猫咪饮水。金牌猫家长要时时刻刻谨记水在猫咪健康中的重要地位，因此也应该顺着猫咪的心意，索性利用水开发一些好玩的游戏，供猫咪打发时间。

为了防止"水漫金山"，我们可

自然界中的猫

以在洗手间或者阳台上用婴儿塑料澡盆续上水，放上乒乓球、冰块或者其他能够漂浮的小玩具，让猫咪玩耍。可以在澡盆下面垫上一条毛巾，这样猫咪从澡盆里出来时，就能立刻擦干湿漉漉的爪子，而不至于弄湿家里的其他地方。

家中的猫

创造专属于你和猫咪的游戏

"觅食"游戏对猫咪来说十分有趣，铲屎官可以把零食藏在家里的不同角落或者藏在猫咪感兴趣的容器里。我们还可以自己在家制作漏食器。找一个空的塑料瓶，洗净晾干，开上几个小洞，猫咪推动瓶子玩耍的时候，零食就能从小洞里漏出来了。

找一个矮一些的盒子，在上面开几个洞，把小零食或者玩具放进盒子里，猫咪就会沉浸于试图把盒子里的零食或玩具掏出来的"钓鱼"游戏，乐此不疲。如果侧面再插上一根羽毛逗猫棒，那相信你的猫咪就更加爱不释"爪"了。

养一只快乐猫

更有经验的铲屎官可以找一个带盖子的塑料收纳盒，底部大小大约为 30 厘米 × 20 厘米。先用硬纸板剪下一块直径为 7 厘米的圆形模板，然后按照模板的形状在盖子上开至少 4 个小洞，记得打磨一下尖锐的边沿。然后放上猫咪喜欢的小玩具和零食，就大功告成啦。

卫生纸卷筒也是给猫咪制作益智玩具的绝佳材料。收集大概 15 个卫生纸卷筒，把它们排列成金字塔形状并且粘牢。接着在每个卷筒里都放上小玩具或者零食。也可以用相似的办法，把卫生纸卷筒直立排列在鞋盒或其他盒子里。这样不仅可以平放玩耍，还可以增加难度，立式摆放，让猫咪体验游戏的"困难模式"。

厨房用纸的卷筒也可以废物利用起来。找一块 50 厘米 × 50 厘米的硬纸板做底，把 6 个厨房用纸卷筒用一根木棒串起来，然后把木棒固定在硬纸板底上。最后可以在厨房用纸卷筒里藏上猫咪喜欢的各种玩具和零食，让猫咪自己开发智力去寻找。另外一个既简单又实用的小游戏就是把冻干、肉干类的干制零食和纸球甚至栗子大小的干果混到一起，让猫咪自己"找不同"。

障碍游戏的目的是让猫咪寻找好吃的小零食，而游戏的设计完全取决于铲屎官自己的想象力。试着收集以下材料：一块 50 厘米 × 50 厘米的硬纸板，3 个卫生纸卷筒，1 个厨房用纸卷筒，2 个餐巾纸盒，1 个 6 格的装鸡蛋的硬纸盒，1 个 1.5 升的塑料瓶，3 块 4 厘米宽、长度各异的硬纸板，裁纸刀、剪刀和强力胶。首先，用裁纸刀裁出长度分别为 15 厘米、25 厘米和 35 厘米的硬纸板。然后把卫生纸卷筒剪成两半，剪掉塑料瓶的底部及瓶颈部，在餐巾纸盒上剪出小洞。接着用胶水把各个部件在硬纸板底上粘牢。确保 3 块硬纸板平行排列，间隔至少 5 厘米。把 6 个剪开的卫生纸卷筒排成一列，垂直粘在硬纸板底上，然后将装鸡蛋的硬纸盒、2 个剪好洞的餐巾纸盒、厨房用纸卷筒和塑料瓶一一粘牢。另一个方法是，仍然使用 50 厘米 × 50 厘米的硬纸板底，在 10 个厨房用纸卷筒上剪出足够大的洞，做一个平面金字塔，再将另外 10 个厨房用纸卷筒斜着剪开，垂直粘牢。同样，把装鸡蛋的硬纸盒和塑料瓶粘在硬纸板底上。

　　这些技能类的小游戏有助于通过鼓励猫咪捕猎来刺激猫咪，对抗猫咪的"不活跃"。所有这类游戏都需要遵循合理性原则，同时考虑猫咪的身体能力，难度应当循序渐进。如果一开始游戏难度极高，猫咪有可能根本不想尝试或觉得游戏无趣，就好像给小学生一本大学课本一样。有些猫咪喜欢把物体从高处推落，所以最好把家中高处陈列的贵重物品替换成红酒木塞，然后教教猫咪怎么把木塞推下去。这个小游戏重复的次数多了，猫咪就会开始喜欢上玩木塞，看着可爱，又不会损坏家中物品和装饰物。

　　猫咪是十分聪明的小动物，一旦它们爱上了把木塞从高处推下来的感觉，就一定会不厌其烦地"敦促"我们把木塞摆回去，好让它们尽情玩耍。

该怎么玩

在大自然中，移动的物体最能唤起猫咪的好奇心，一片被吹跑的树叶都能激起猫咪的狩猎本能。没有生命的物体，甚至是一只已经死亡的猎物，则完全无法产生同样的效果。玩耍也是如此，想让猫咪玩起来，我们就得想办法制造"类猎物"的动作，如会移动的玩具老鼠、晃动的钓竿式逗猫棒、流苏摇曳的短柄逗猫棒等。我们要尽可能地还原捕猎过程本身，但是千万要记得，猎物永远不能朝着猫咪的方向移动，这样会吓到猫咪，应该确保猎物始终朝着逃离猫咪的方向移动。

自然界的猫

家庭豢养的猫

同样，玩耍时我们要特别注意不要把玩具朝着猫咪扔过去，应该向猫咪追赶的方向投掷玩具，如果用绳子和猫咪玩耍，那可以让绳子消失在房间转角处或家具后面，来激发猫咪的捕猎本能。有的时候猫咪会静止不动观察猎物，甚至一观察就是几分钟，看起来似乎对捕猎玩耍毫无兴趣，但其实这正是自然界中的猫咪捕猎的第一步，研究猎物动线，以确保在不浪费多余体力的情况下，提升最终捕猎的成功率。猫咪捕猎时极其耐心，所以想引导它们玩耍的铲屎官们也需要足够耐心。

不该怎么玩

玩具足以替代一个虚拟的小猎物，所以任何时候我们都不应该直接用手当作玩具去逗猫或和猫咪玩耍，否则猫咪就会开始把我们的手当作潜在的猎物并开始攻击。玩具是用来逗猫的，手是用来撸猫的。所以，一些看似常见的吸引猫咪注意力的方式，比如打响指、把手藏在床单底下来回移动模拟猎物，或者粗暴地"揉肚子"，都只会让猫咪反应激烈，或直接抓咬，或用后腿蹬踹我们的手，正如它们在自然界给猎物"开膛破肚"时的一系列操作一样。我们经常见到一些猫家长"骄傲"地炫耀家里的小奶猫在他们手上留下的抓痕咬痕。小奶猫的实力暂时有限，殊不知随着猫咪不断长大，为了成功捕捉并杀死猎物，它们下颌的力道和爪子的抓力会不断增强。到了那时，再想和和气气撸个猫可就没那么容易了，因为主人的双手在猫咪的世界里，俨然是移动的猎物了。

纸箱子

纸箱子是猫咪最钟爱、也是最经济的猫窝之一。纸箱子对猫咪来说十分有趣，猫咪喜欢纸箱子的触感和气味，同时纸箱子还完美满足了猫咪在大自然中不断变换躲藏地点的本能。纸箱子对铲屎官来说也十分友好，容易获得且大小、形状各异，也方便替换。

纸箱子可以直接使用，也可以根据猫咪的需要稍做加工。猫咪喜欢让它们觉得安全感十足的地方。你可以把纸箱子朝上，在其中一面剪出一个足够大的洞，方便猫咪进出，再在另一面剪出一扇"小窗户"，让猫咪能够随时"侦查"外面的环境。你可以按自己的喜好来装饰这些纸箱子，打印出漂亮的模板，按模板在纸箱子上画出喜欢的图案，或者增加一些外部装饰，让猫咪的纸箱猫窝和整个家居融为一体。可以把这个任务交给孩子们，他们肯定会很享受这个发挥创造力、给家里的猫咪宝贝装饰新房子的过程。

纸箱城堡

所需材料：

✓ 4~5 个不同大小、形状的纸箱子

✓ 裁纸刀

✓ 剪刀

✓ 各种装饰物

1

1. 用裁纸刀在纸箱子侧面剪出足够大的洞，方便猫咪进出。

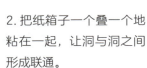

2

2. 把纸箱子一个叠一个地粘在一起，让洞与洞之间形成联通。

3. 可以将没有盖的矮纸箱放在最顶端，铺上一块小垫子，这儿一定会成为猫咪最钟爱的休息场所。

3

猫爬架

在大自然中，猫咪喜欢攀爬，攀爬可以帮它们保持爪子的锋利，同时当身处高处时，它们也能很好地隐藏自己，躲避地面的危险。身在高处会让猫咪更具安全感，不用担心天敌的攻击。为了满足猫咪的需要，尊重它们的本能，维持它们的身体和心理健康，我们可以自己建造各种各样的猫爬架，在家中给猫咪打造一个迷你"健身房"。

很多成品猫爬架价格便宜，大小、形式各异，缠绕麻绳、铺着剑麻垫，还装配了各种楼梯、吊床、小玩具，以及可供躲藏的洞穴。一些猫爬架有不同的平台，猫咪可以轻松上下，或者选择在制高点休息。这对于一只想躲避我们的目光、逃离小朋友甚至逃离其他动物的猫咪来说是最理想、最安全、但也最难获得的休息场所。同时，因为特殊的制作材质，猫爬架也能在满足猫咪磨爪和伸展天性的同时最大限度地保护我们的沙发。

猫爬架应该放置在猫咪喜欢的房间里或主人不会常常经过的地方。最佳地点是放在能让猫咪欣赏美景的窗前，如果旁边还有暖气，那对于喜欢温暖的猫咪来说就再好不过了。凝视窗外对猫咪来说是非常美好的休闲活动，就像我们看电视一样。猫爬架的高度应该在150厘米以上，有不同材质的平台，最好还能有个全包围的洞作为猫咪的藏身之处。为了稳定，猫爬架的基座应该足够宽，面积至少为60厘米×40厘米。自己建造猫爬架也是DIY爱好者们的完美游戏。

木箱改造猫爬架

所需材料:

✓ 4 个红酒木箱

✓ 强力胶

✓ 10 厘米宽、2.5 厘米厚的木板

✓ 布料(如剑麻布)

✓ 小垫子

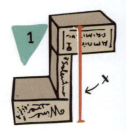

1. 按图所示,把 3 个红酒木箱粘在一起,并测量 X 的高度。

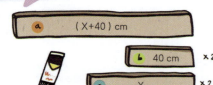

- ⓐ (X+40) cm
- ⓑ 40 cm ×2
- ⓒ X ×2

2. 把木板锯成 2 块与 X 等长的木条、1 块(X+40)厘米的木条和 2 块 40 厘米的木条。

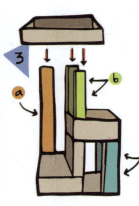

3. 如图所示,将几个部分组装到一起,粘牢。

4. 在几个平台铺上自己选择的布料(如剑麻布),并在最顶层放上一块小垫子。

所需材料：

✓ 4 块圆角木板，长宽均为 40 厘米

✓ 4 根宽 10 厘米，厚 4 厘米的木条，长度分别为 50 厘米、90 厘米、130 厘米和 170 厘米

✓ 1 块 66 厘米 × 66 厘米的木板

✓ L 型支架

✓ 螺钉

✓ 电钻

✓ 铅笔

✓ 织物（如剑麻布）

✓ 强力胶

木制猫爬架

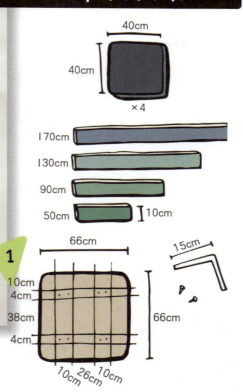

40cm
40cm
×4

170cm
130cm
90cm
50cm
10cm

66cm
10cm
4cm
38cm
4cm
10cm 26cm 10cm
66cm
15cm

1

2

1. 如图所示，在 66 厘米 ×66 厘米的木板上用铅笔画出网格，用电钻打洞。

2. 如图所示，把几个部分钉在一起，用螺钉把木条固定在底部，利用 L 型支架把 4 个平台支撑牢固。4 个平台的排列应该确保能让一只猫咪轻松在平台间跳跃。最后用自己喜欢的织物（如剑麻布）覆盖住平台。若想要猫爬架更稳定，可以把平台和相邻的柱子固定到一起。

瓦楞纸箱猫爬架

所需材料：

✓ 瓦楞纸箱

✓ 裁纸刀

✓ 织物（如剑麻布）

✓ 热胶枪

✓ 1根高10厘米、宽10厘米、长1米的木条

1

1. 用瓦楞纸箱剪出 18 块 50 厘米 ×50 厘米的正方形纸板，表面用织物（如剑麻布）粘好。

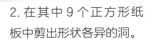

2

2. 在其中 9 个正方形纸板中剪出形状各异的洞。

3

3. 用热胶枪把硬纸板粘成一个立方体，重复这个操作，总共制作出 3 个立方体。

4

4. 如图所示，把几个部分组装到一起。

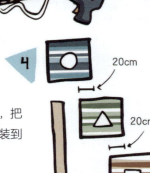

20cm

20cm

猫爬架的最佳结构

梳毛蹭痒
神器 DIY

梳毛对猫咪来说必不可少。因为家中的温度一般比较恒定，猫咪无法遵循它们在自然界中原本的换毛季掉毛的节奏，所以基本一年到头都在掉毛。猫咪非常喜欢梳毛，给它们制作一个能够自助"梳毛蹭痒"的神器是非常有用的，这样即使你不在家，猫咪也能随时享受被梳毛的乐趣。其中一个方法是找一个可弯曲的毛刷，如你清洁暖气的时候会用到的那种。想要引导猫咪穿过毛刷制成的拱形门，你可以在拱形门的另一边放一些干制零食，这样猫咪就会主动穿过拱形门，学会在毛刷上摩擦蹭痒。另一个方便在家 DIY 的方法就是找一把天然纤维的毛刷，用双面胶粘在墙上大约 20 厘米高的位置。撒上一小撮猫薄荷，或者喷一些同类喷雾，就能轻松吸引猫咪过去梳毛蹭痒啦。

猫跳台

有时候我们会因为家中局促的空间而担心猫咪的状态。其实居住空间的品质远比居住空间的大小重要得多。猫咪喜欢高处，当它们躲在衣柜、橱柜、书柜顶端的时候，就是在向我们大声说出它们对高处的热爱。

想捕获猫咪的心，就要帮它们扩大领地，我们应该学会充分利用家中的三维空间，增加垂直空间，在不同高度给猫咪创造平台。

有太多既能让猫咪满意，又能让猫咪的领地和整个家居设计融为一体的方法等着我们去探索。

30cm

30cm

支撑架

胶水

平台应该至少保证30厘米宽，注意铺好织物（如剑麻布）。

旧抽屉改造跳台

所需材料：
- ✓ 旧抽屉
- ✓ 清洁喷雾
- ✓ 油漆
- ✓ 油漆刷
- ✓ 支撑架
- ✓ 膨胀螺丝
- ✓ 小垫子

1

1. 用清洁喷雾把抽屉擦干净。

2

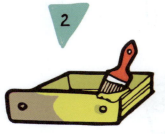

2. 根据个人的颜色喜好给旧抽屉刷漆并晾干。

3

4

3. 用膨胀螺丝和支撑架把抽屉钉到墙上，给猫咪创建合理动线。

4. 放上小垫子，抽屉还可以成为舒适的悬挂猫窝。

自制 PVC 管跳台

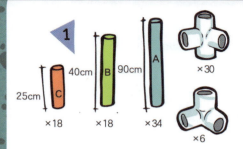

所需材料：
- ✓ 5 厘米直径的 PVC 管
- ✓ 30 个四分接头
- ✓ 6 个三分接头
- ✓ 锯子
- ✓ 布料
- ✓ 针和线

1. 用一把小锯，把 PVC 管锯成合适的尺寸：18 根 25 厘米长的 PVC 管、18 根 40 厘米长的 PVC 管和 34 根 50 厘米长的 PVC 管。

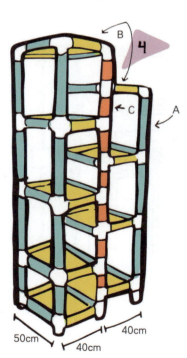

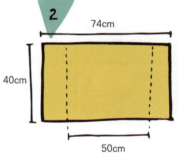

2. 如图所示，用布料剪出 9 个长方形。

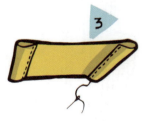

3. 把布料两个短边缝好，给 PVC 管留出通过的空间。

4. 如图所示进行组装。

垂直空间的利用

我们的居家空间给猫咪攀爬提供了无数种可能性。我们可以尝试清理出一些架子或是架子的某一部分，帮助猫咪丰富动线和躲藏空间，也可以给猫咪放个小梯子，方便它们跳到更高的地方去。这对于增加家中的垂直空间很有帮助，也能够帮助我们更好地回应猫咪的诉求。

猫楼梯

　　因为猫咪喜欢高处，所以相应地，它们也钟爱楼梯或其他任何能够帮助它们到达高海拔安全地带的通道。家里的梯子一般都被藏在储藏间，很少拿出来使用。所以突然出现在家中的梯子可以很好地激发猫咪的兴趣和好奇心。

　　大多数猫咪无须任何引导，自然而然就会开始攀爬梯子，还有一些猫咪则需要一些鼓励，我们可以尝试在梯子较高处的台阶上挥舞逗猫棒或羽毛来引导猫咪攀爬。如果猫咪愿意使用梯子，那我们就可以考虑长期把梯子摆在家中。我们也可以给梯子的每层台阶铺上我们喜欢的材质，既起到美化的作用，也方便猫咪上下。如果能把梯子放在窗户旁边（确保安全封窗），让猫咪得以观察、欣赏外面的世界，那就更完美了。另外一种方案是把梯子放在书架或衣柜旁边，这样一来，猫咪就能更轻松地到达更高的地方。

所需材料：

- ✓ 2 根 190 厘米长的木条
- ✓ 6 块 30 厘米 ×30 厘米的木板（2.5 厘米厚）
- ✓ 4 厘米长的螺钉若干
- ✓ 12 个 L 型金属支架
- ✓ 小木螺钉若干
- ✓ 织物（如剑麻布）
- ✓ 强力胶

6 步梯

1

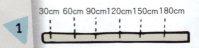

1. 在两根长木条上钻孔，钻孔位置：30 厘米处，60 厘米处，90 厘米处，120 厘米处，150 厘米处，180 厘米处。

2

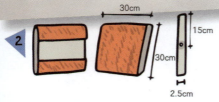

2. 在正方形木板上铺好织物（如剑麻布），用强力胶粘牢，在木板两个侧面正中间打孔。

3

3. 把木板和木条钉在一起，螺钉不要拧得过紧。

4

4. 把梯子靠在墙上，确定好想要的倾斜角度，并在梯子底部按需要切割。

5

5. 把梯子放置于地面，并用 L 型支架固定好每个平台。

折叠木梯的升级改造

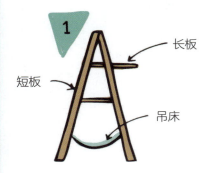

长板

短板

吊床

所需材料:

✓ 木制旧梯子

✓ 比阶梯之间宽度略长的木板和与阶梯之间宽度相同的木板

✓ 和阶梯之间宽度相同的木箱

✓ 油漆

✓ 猫吊床

✓ 小垫子

✓ 螺钉

1. 想让旧梯子重获新生，我们可以给它刷上明亮的颜色，再在阶梯之间固定几个平台。

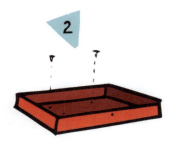

2. 我们甚至可以在其中一层放一个垫了小垫子的矮木箱，供猫咪休息。

3. 把猫吊床悬挂在梯子最底部的阶梯之间，猫咪就又多了一个无法拒绝的舒适休息区。

观察
外面的世界

对于长期严格豢养在室内的猫咪来说，能在已经安全封窗的窗前欣赏外面的世界是一件能够大大提升生活质量的美事。为了避免猫咪在自己开发"观景位"时毁坏我们的家具，我们应该抢先一步，提前为猫咪布置好观景台。拉开窗帘，让猫咪视野更开阔，在窗前放上一把椅子或者一个梯子也是不错的办法。

晒太阳

正如它们生活在沙漠地带和大草原上的祖先一样，家猫也喜欢温暖，愿意整天沐浴在阳光中。阳光能够提升猫咪的身体和心理健康指数，能够不被打扰地尽情拥抱阳光是一件让猫咪感到幸福的事，对于铲屎官来说，满足猫咪的这个诉求是十分容易的事，何乐而不为呢？

在大自然中享受日光浴的猫

在家中享受日光浴的猫

猫咪与植物

猫草

猫咪并不嫌弃偶尔吃点草。这主要是因为它们需要摄取纤维来刺激肠胃蠕动，保障消化功能。被猫咪吃下去的草同时还具有催吐功能，能够帮助猫咪排出胃部异物，如舔毛所产生的毛球。猫草的另外一个重要的功能就是给猫咪提供它们所需的叶酸（维生素 B_9）。叶酸在造血过程（产生红细胞）中必不可少，缺乏叶酸有可能导致贫血。

铲屎官可以选择直接从超市购买猫草盆栽，或者在市场上买一些混合种子（黑麦草、大麦、谷物、燕麦等），自己在家种植。家中备一些猫草供猫咪闲时吃一吃既可以丰富猫咪的生活环境，也能引导猫咪不去破坏家中其他植物，还能进一步避免猫咪摄取某些植物中对健康有害的物质。

猫草盆栽

种子

细砂砾　　　种植土

无土栽培猫草

种子

细砂砾　　　吸水纸

防猫抓猫草盆

在一个塑料容器中沿着容器上沿打孔。容器中放好肥料，种上种子。

用绳子穿过打好的孔，把网子固定住。

定期浇水，等待收获。

室内猫草坪

猫咪对草的热爱，不仅体现在吃上，它们也喜欢在草坪上舒展身体，滚来滚去，甚至在草坪上睡觉。如果能打造一个"自制猫草坪"放在阳台或露台上，那么即使家中没有花园，猫咪也同样能够享受到草坪带来的乐趣。

一个大的方形种植盆，或者一个高度至少12厘米的大猫砂盆，都是非常好的种植容器。在容器底部打一些渗水孔，并将种植土放入容器，然后把种子种在里面，记得定时浇浇水。等到猫草长到10厘米高的时候，就让猫咪在草坪上面尽情玩耍吧。

猫薄荷

家庭种植的猫草不应该和猫薄荷混为一谈。猫薄荷的拉丁语译名为 Nepeta cataria，其中 Napeta 是拉丁文中"蝎子"的意思，人们最初认为猫薄荷能防止蚊虫叮咬，cataria 则有"吸引猫咪"的意思。猫薄荷是一种多年生的芳香植物，和薄荷一样，同属于唇形花科。猫薄荷的茎叶中富含荆芥内酯，这种物质赋予猫薄荷一种特殊的气味，让很多猫咪欲罢不能。

猫薄荷非常容易种植，并且极易茂盛生长。它长着木杆状的茎，花期通常能从5月持续到夏末，并且能够开出颜色各异的花朵（通常是穿插紫色条纹的白色、粉色和蓝色花）。

干制猫薄荷通常以小罐、小包的形式出售，也能找到喷剂和液体。50%~60%的4月龄以上的猫咪对猫薄荷敏感：只要一闻猫薄荷，它们就开始打呼噜，同时对猫薄荷又舔又咬，边吃边流口水。

它们会用头蹭猫薄荷，两只爪子抓着猫薄荷，滚来滚去，就像发情了一样。而几分钟后猫薄荷的功效就会消失。因为这个特点，很多猫咪产品，包括猫玩具，都含有猫薄荷。猫薄荷也是让旧玩具重焕新生或引导猫咪使用猫抓柱的"魔法粉末"。

富含缬草三酯的缬草对猫咪也有类似的作用，缬草三酯是一种和荆芥内酯类似的物质。缬草会释放这种味苦、辛辣的物质，保护自己不受食草昆虫的侵害。它们本身无毒，也不会让猫咪产生依赖。但是多猫家庭应该注意，猫薄荷最好不要在几只猫咪身上同时使用，以免它们出现攻击行为。

为了满足猫薄荷的生长空间，每株植物之间应该留有足够大的距离。使用沙土可以让猫薄荷更加芬芳。在猫薄荷生长过程中应该注意保护其不受猫咪侵害。

如何种植猫薄荷

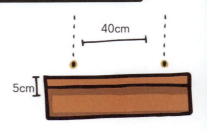

在园艺商店或者专门的宠物店可以买到猫薄荷种子，也可以直接购买配套出售的猫薄荷种植套餐（包含花盆、种子和种植土）。

春天，可以直接在种植盆或土地上种植猫薄荷，深度大约 5 厘米，注意在每株植物之间留有至少 40 厘米的距离。

在发芽期间（大概 10 天），应该定期给幼苗浇水。

在第一次花期结束后，应该修剪掉整株植物的 1/3。这会刺激植物的生长和再一次开花。

可以将剪下来的叶子平铺在一张纸上风干，注意不要让猫咪破坏叶子，也不要在阳光下直接晒叶子。或者直接找个凉爽、干燥的地方风干叶子。

待叶子完全风干后，将其储存在密封容器中，最大限度保留香气。

自制猫薄荷小老鼠

所需材料：

- ✓ 毛毡、笔
- ✓ 针、线和剪刀
- ✓ 10 厘米长的彩色毛线
- ✓ 填充物
- ✓ 猫薄荷

1. 如图所示，在毛毡上画出小老鼠身体、底部和耳朵的轮廓，剪下来。

3. 从开口处把填充物和一些猫薄荷塞进去。

2. 从外部把几个部分缝合，底部留个小开口。

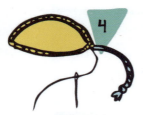

4. 用针线把开口缝合，再缝上彩色毛线当作尾巴。

5. 把耳朵缝好，再缝上眼睛和鼻子。

自制猫薄荷小老鼠就做好啦，快邀请你的猫咪来玩吧！

一只旧袜子也能重获新生

猫薄荷

你还可以制作很多其他小玩具

第 5 章

向猫咪
表达爱意

如何正确抱猫

在大自然中，猫咪习惯奔跑和攀爬，只有被捕食者抓住的时候才会被拎起来。这也就解释了为什么很多猫咪不喜欢被抱着，总是试图逃跑或挣脱。如果从幼年期开始训练，我们可以让猫咪习惯被轻柔地抱起。当然，不是所有的猫咪都喜欢这样。如果尝试不成功，猫咪仍然抗拒被抱，那铲屎官也无须觉得心碎，尊重它们的天性就好了。永远不要尝试抓着猫咪的前爪把它们拎起来，更不要提拉后脖颈的皮肤，这很有可能造成颈部肌肉损伤。只有猫妈妈才会这样衔着小猫，而这个动作也仅仅会发生在猫咪刚出生后的几天中，也只有这个时期，小奶猫体重足够轻，才不会因为这个动作受到伤害。

如何正确撸猫

猫咪是独居动物，喜欢独处，但因为它们超强的适应性，它们也能习惯需要社交的生活环境。总体来说，猫咪喜欢自己决定和我们互动的时间、方式和时长。一些猫咪十分热情，喜欢被抚摸，另一些则不然。铲屎官应该平和地接受这一点并且尊重它们的天性。

也就是说，即使有时候我们有强烈的欲望要把猫咪抱在怀中，亲亲抱抱举高高，这种欲望也只是我们强加于猫咪的，很可能只会让猫咪生气，破坏我们和猫咪的关系，让猫咪变得更加叛逆或冷淡。想让猫咪习惯，甚至最终爱上我们的抚摸，我们首先应该记得刚开始时动作要轻柔，人类本身比猫咪庞大太多，有时候对于我们来说习以为常的力道，对于猫咪来说就太过粗暴了。除了抚摸猫咪的方式，选择正确的时间也尤为重要。永远不要试图抚摸一只兴奋状态下或捕猎中的猫咪，它们有可能会转而攻击我们的手。可以尝试在猫咪睡着的时候温柔地抚摸它们，让它们在美好的梦乡里完全放松。

猫咪不喜欢过于突然和粗暴的抚摸，而是喜欢被轻柔、缓慢地抚摸，最好还能伴着温柔的话语声。我们要学会察言观色，观察我们抚摸猫咪时它们的反应，来判断是继续进行还是适时停止。一些猫咪十分享受主人长时间的爱抚，还有一些猫咪很快就烦躁了。对于很快失去耐心的猫咪，最好的解决方案就是通过逐渐增加抚摸的时长来帮助它们习惯这个动作，看到它们失去耐心就要第一时间及时停止。这也会增加猫咪对我们的信任，让我们和猫咪的关系更牢固。要记得，猫咪对抚摸是高度敏感的，它们每平方毫米的皮肤中就包含大约 200 根毛发，每一根都和神经受体相连，而这些神经受体一经我们的触摸就会被激活。过度抚摸会导致猫咪过度兴奋，由此带来猫咪的负面反应。

接近陌生猫咪

　　猫咪通常不喜欢被不认识的人触摸。而人类则固执地认为，猫咪热衷于被爱抚，不仅是家猫，就算是偶然在户外碰到的流浪猫，都一定是希望被抚摸的。对一只猫来说，最有礼貌的接近方式，就是把是否想要认识我们的权利留给它。当我们遇到一只陌生猫咪的时候，我们应该原地不动，俯身蹲下，不要直视猫咪的眼睛（以防猫咪把我们的直视看作具有攻击性的凝视），用轻柔的声音和它说话。我们可以伸出食指，看看猫咪愿不愿意凑过来闻闻。如果猫咪尾巴竖直地走过来，那是它在和我们打招呼，如果它过来蹭蹭我们的手，就是想进一步认识我们啦。

　　不要尝试直接把陌生猫咪抱起来，它们很可能会受到惊吓，在慌忙逃窜的过程中抓伤我们。这个方法也同样适用于和其他家猫初次见面的时候。

俯身蹲下，延展手臂，伸出食指，
不要直视猫咪的眼睛。

看看猫咪是否愿意
过来闻闻我们。

猫咪尾巴竖直地走过来
是在和我们打招呼。

这才是接近陌生猫咪的正确方式，适用于所有猫咪，尤其
是那些与我们初次见面的猫咪。即使猫咪过来蹭我们的手，
我们也不要把这当作可以把猫咪抱起来的信号，猫咪很有
可能拒绝。

如何教育猫咪

　　想要建立人猫和谐的良好关系并教会猫咪不要做一些我们不喜欢的事，仅仅说"不"是没用的，猫咪并不能理解我们的大喊大叫，这种行为只会让猫咪更害怕。如果猫咪把我们的东西从架子上推下来或者抓挠沙发，重复说"不"是没有意义的，我们必须得给我们不喜欢的猫咪行为找到一个正面的解决方案，让我们有机会表扬和鼓励猫咪。

　　如果猫咪喜欢把小摆件推到地上，我们可以用红酒木塞替代这些摆件，向猫咪演示玩法，并在猫咪玩木塞时给予表扬。如果猫咪抓挠沙发，我们应该在沙发附近放置一根猫抓柱，只要猫咪去使用猫抓柱，我们就表扬它。如果在猫咪刚好进行正确行为的同时，我们能够给予它表扬和鼓励，猫咪就会逐渐理解我们对它的要求。

猫咪的睡眠

幼猫和孩子一样，无比好动，通常在几次高强度的体力消耗后，就会进入深度睡眠。和其他很多物种的年轻动物一样，它们相比成年猫咪需要更加充足的睡眠，所以我们应该尊重它们的睡眠模式，就像我们自己不愿意在睡梦中被吵醒，也不会试图吵醒一个深睡的婴儿一样，永远不要去试图改变幼猫的睡眠模式，哪怕是为了摸摸它。

更重要的是，在幼猫生命周期的最初几周中，身体会在深睡状态下释放生长激素。而后，生长激素同样会在猫咪深睡 / 快速眼动睡眠周期中被释放。打扰一只幼猫或成猫的睡眠对于动物本身来说是非常粗鲁的行为，也会给猫咪的生理和心理健康带来不好的改变。

猫咪和小朋友

对于小朋友来说，和一只猫咪生活在一起是一种宝贵而又丰富的人生经历，但首先我们应该教会孩子如何和小动物相处。

所以，爸爸妈妈们有责任在孩子幼年时期教会他／她如何在家庭环境中和猫咪相处、互动。这样小朋友和猫咪才能双赢，和谐共处，健康快乐地享受彼此的陪伴。

7月龄的幼儿肢体还不够协调，不过他们的学习速度惊人，所以我们可以从这个阶段开始让孩子感受什么是"轻抚"。找一个毛绒玩具，扶着小朋友的手，温柔地鼓励孩子轻轻抚摸玩具，多重复几次相同的动作，配合"摸摸猫猫"的指令，这样孩子才会慢慢习惯，也能够防止孩子因为动作不协调导致下手太重而激怒猫咪。

只有当幼儿能够完全协调手部动作并且学会轻抚猫咪、不再乱拽猫毛之后，我们才可以允许孩子抚摸猫咪，让小朋友和猫咪的接触有一个积极的开始，猫咪才不会看到小朋友就落荒而逃。更重要的是，也只有这样，猫咪才不会对孩子产生攻击行为。

7月龄的幼儿就可以从抚摸玩具开始，练习如何抚摸猫咪了。

随着小朋友长大，两个好朋友就有更多游戏可以玩了，小朋友和猫咪的友谊不要仅仅依赖于抚摸，因为猫咪并不是随时都喜欢被抚摸，找一些两个伙伴都喜欢的互动方式才是长久之计。

和大家分享一个适合幼龄小朋友和猫咪玩耍的小游戏，让孩子把小零食扔到距离不太远的地方，观察猫咪如何"捕捉"并吃掉小零食，给猫咪一个"快去追"的口令，猫咪就会开心得像箭一样把自己发射出去。

刚开始的时候，家长可以帮助孩子把零食扔出去，直到孩子自己学会这个动作。家长也可以带着孩子一起，把小零食藏在家中的不同角落，让猫咪自己去探索。

这种游戏会充分调动猫咪的狩猎本能，是猫咪喜欢的活动。孩子也能在游戏过程中观察猫咪如何小心翼翼地探索和搜寻每一个房间，直到它们找到"猎物"。在整个过程中，猫咪会把"孩子"和积极的感受联系到一起，把孩子看作为它们提供食物的人，而不单纯是让它们心烦的小伙伴。要不厌其烦地和孩子重复的一条基础规则，就是让孩子只用自己的手去抚摸猫咪，而不要用手和猫咪玩耍，以免猫咪把孩子的手看作小猎物而造成误伤。

　　如果想要和猫咪直接玩耍，我们应该提醒孩子使用逗猫玩具，让猫咪和玩具互动，双手应该和猫咪的爪子保持距离。钓竿式逗猫棒是绝佳的选择，这种逗猫棒握柄的一头拴着一根挂着玩具老鼠、小球或者彩色羽毛的线，让孩子能够安全地和猫咪玩耍。

　　这种玩具可以到专业的宠物店购买，也可以在爸爸妈妈的协助下让小朋友们插上想象的翅膀，自己动手制作。这也是教育孩子关注小动物的需求，学会开始照顾它们的生理和心理健康的好机会。孩子能够在制作玩具、使用玩具、和猫咪开心玩耍的过程中获得乐趣，猫咪也能够释放天性，展现自己野性的一面。

　　家长在孩子使用玩具和猫咪玩耍的过程中要注意提醒孩子，不要用玩具敲打鞭笞猫咪，以免猫咪受到惊吓。同时记得强调，真正的猎物不会面朝猫咪移动，要让孩子把玩具往远离猫咪的方向移动，这样才能真正激发猫咪的追逐本能。

　　无论如何，孩子和猫咪间的游戏和玩耍应该在成年人的监督下进行，尤其是两个伙伴刚开始接触时。

　　另外一个既有教育意义又好玩的游戏，是让孩子发掘家中能被当作猫咪玩具的用品，然后让他们自己尝试逗猫，看看猫咪到底喜不喜欢。这个活动可以激发孩子们的想象力并训练他们的观察力。其实很多家中常用的小物件都可以被猫咪用来进行捕猎玩耍：红酒木塞、松子、栗子、干意面、棉签、锡纸球或纸团、胶带、鞋带，等等。别忘了硬纸箱，它也是孩子和猫咪都喜爱的玩具。这种游戏可以引导孩子把精力更多地投入在给猫咪制作小玩具上，他们也就不会过度抚摸猫咪了。孩子也一定会把这种有趣的经历分享给同学和朋友们，这也能鼓励其他小朋友按照同样的方式对待小动物。

　　我们应该教育孩子不要打扰猫咪的睡眠，尤其是幼猫，因为睡眠会给幼猫提供它们成长所需的养分。通过让孩子比较自身的感受和猫咪的感受，孩子会慢慢学会换位思考，尊重和理解别人的需求，更有同理心。这对于小朋友社交能力的平衡发展是不可或缺的。

　　总体来说，孩子对于动物的亲近以及间接对于大自然的亲近都能帮助孩子提高理解他人的敏感度，和猫咪共同生活可以说是非常特别的一种成长体验。

第 6 章

小猫咪的
清洁与美容

小猫咪的清洁与美容

给短毛猫梳毛非常容易，一周一次即可。换毛季可以增加梳毛频率。长毛猫和半长毛猫应该定期且更为频繁地梳毛，以帮助它们习惯梳毛的过程。可以用圆梳或者带橡胶按摩头的梳子轻柔、频率稳定地给猫咪梳毛，永远不要强迫猫咪或者拉拽其毛发。猫咪如果能在幼年期就开始习惯被铲屎官梳毛，并且在每次梳毛后都能获得小零食作为奖励，那么猫咪就会逐渐把梳毛和积极的体验联系到一起。如果猫咪不习惯梳毛，最终很有可能不得不请专业人士剪掉多余或打结的毛发，而这种经历也会成为猫咪的创伤记忆，由此恶性循环。

选择正确的时机梳毛非常重要，永远不要给被激怒或过于兴奋的猫咪梳毛，也不要在猫咪捕猎玩耍时进行。梳毛应该成为铲屎官和猫咪共度美好时光的方式，也是检查猫咪的毛发、及时发现寄生虫或毛结的绝佳机会。定期梳毛还能有效避免猫咪在自己舔毛时吃掉过多的毛发，从而减少肠道阻塞的发生。

养一只快乐猫

剪指甲

虽然猫咪可以随时在材质各异的猫抓柱上磨爪，铲屎官仍然应该每隔一两周检查猫咪的指甲，并用专业的猫咪指甲剪为其修剪（只需剪掉指甲尖尖）。剪指甲完全可以成为猫咪习以为常的事，为了让猫咪习惯剪指甲的过程，应该在幼猫到家后就让它们开始习惯铲屎官的抚触。

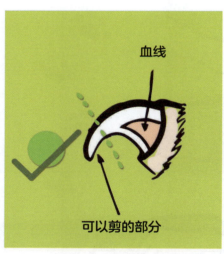

血线

可以剪的部分

剪指甲的练习应该循序渐进，最终成为让猫咪感到愉悦的体验，不要给猫咪造成创伤。

最初几天可以先从轻柔地按摩猫咪的肉垫开始，直到猫咪觉得足够放松，并把这种按摩当成愉快的经历为止。刚开始剪指甲的时候，应该一天只剪一只爪子，记得在结束后奖励猫咪一个小零食，帮助它们把"剪指甲"和令它们开心的感受关联到一起。这个方法可以让猫咪逐渐习惯剪指甲的过程。剪指甲时，找一个光线充足的舒适地方，过程中没有必要特意限制猫咪的活动，否则它们可能觉得被围堵，那无疑就会试图逃走了。

猫咪的爪子可以回缩，所以你需要轻轻按下它们的小肉垫，让指甲暴露出来，然后就可以剪指甲了。要特别小心，只需要剪掉指甲没有血线的弯曲部分。对着灯光看猫咪的指甲，你就能清晰分辨出指甲底部血管丰富的粉色部分和边缘部分。

通常只有两只前爪的指甲是弯曲而尖锐、需要被修剪的，而后爪的指甲是平的。永远记得，和小猫咪的相处中，耐心是永恒的制胜法宝。

有时候老年猫咪会有指甲内嵌的情况，应该注意每两周检查一次，必要时进行修剪。

给猫咪剪指甲并且鼓励它们使用猫抓柱是尊重天性和动物尊严的行为，相反，去甲术和去爪术则是赤裸裸的致残行为，在很多欧洲国家都被列为违法行为。

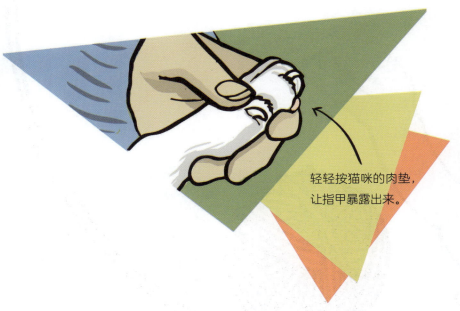

轻轻按猫咪的肉垫，
让指甲暴露出来。

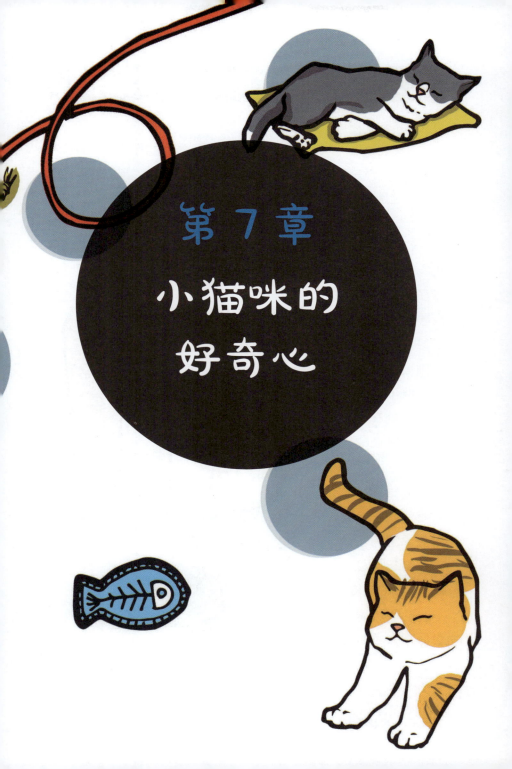

第 7 章

小猫咪的
好奇心

猫咪会吃掉它们捕杀的猎物吗？

对于猫咪来说，捕杀猎物是它们的本能。尽管已经和人类共处千年，这仍然是猫咪天性中的一部分，无法被压制。猫咪捕猎其实并不一定是为了填饱肚子，有可能完全是被移动的小猎物所吸引。以前，居住在乡村的人会特意不喂猫咪，以使它们保持饥饿感，因为人们认为饥饿的猫咪能够抓到更多的老鼠，如此一来人们的粮食也能得到更好的保护。其实这根本就是无稽之谈。即使是一只吃饱肚子的猫咪，也不会停止捕猎。如果已经吃得很饱，猫咪则会选择杀死猎物，但不吃掉它。不同之处在于，一只饥肠辘辘的猫咪更倾向于为了觅食而四处探索，而一只吃饱肚子的猫咪则更愿意高傲地驻守在自己的领地，防止鼠类的侵袭。

即使是家猫，也经常会骄傲地把

自己捕到的猎物带回家。猎物有时候已经死了，也有时候半死不活，可以让猫咪继续练习自己的捕猎技巧。对于我们来说，看到一只被猫咪玩弄于"股爪"之中的猎物实在是太令人揪心了，但即便如此，我们也不应该因此惩罚猫咪。

　　这种惩罚毫无意义，还会带来不好的效果。猫咪并不能理解自己为什么会受罚，对它们来说，这不过是完全出于生存角度的本能行为。有人建议给猫咪戴上带铃铛的项圈，这样一来可怜的小猎物们就能把铃铛的声音当作警报，提前做好准备。殊不知"道高一尺，'猫'高一丈"，猫咪可以保持颈部完全不动，在铃铛不发出声音的情况下出其不意地抓到猎物。为了防止猫咪把自己的胜利果实带回家，我们可以控制猫咪出门的时间，尽量不要让猫咪在鸟儿活跃的清晨出门，也注意避开鼠类出来觅食的黄昏时分。

猫咪到底是"黏人"
还是"黏家"

今天就让我们来彻底终结谣言！相信所有的铲屎官早就知道问题的答案了。人们对猫咪的刻板印象大多来自那个养猫只是为了抓老鼠的功利时代。直到近些年，猫咪才因为出色的沟通技巧被人们划分进宠物或者伴侣动物的行列。独立自我却又亲人，聪明智慧却不卑微，爱家却也保有野性，热情又不至于太过唐突，乐意陪伴却也懂得给予空间，猫咪的美好性格远远不止这些。的确，只要懂得尊重彼此的时间和空间，猫咪和铲屎官就可以建立非常亲密的关系。

至于猫咪是否"黏家"，我们得明白，通常猫咪都从未离开过自己久居的环境。所以突然被带离自己熟悉的环境后自然会表现出恐惧。这也就是为什么很多人相信猫咪"黏家"，认为它们不愿离开自己熟悉的领地。其实恰恰相反，猫咪本就喜欢四处探索、开发新领地，有铲屎官的陪伴，它们完全不会觉得不自在。所以，猫咪并不是对自己的领地有多么眷恋，它们真正依恋的，是铲屎官给予的安全感和与铲屎官之间真挚而热烈的感情。

如何读懂猫咪的尾巴语言

　　我们都知道狗狗的尾巴"会说话"，而猫咪的尾巴则鲜有人注意。其实猫咪的尾巴不光可以帮助它们在运动时保持稳定和平衡，更是猫咪和周围世界交流的窗口。

　　尾巴可以展现出猫咪对于人类及其他动物的情绪和想法。我们首先应该确定的是，不要把猫咪的尾巴语言和狗狗的尾巴语言混为一谈，这样极易引起误会。举个例子，左右摆动的猫咪尾巴，意思是猫咪正处于担忧、警惕或者感兴趣的状态之下。只看身体的某一个部分（如尾巴）只能向我们展示猫咪的部分情绪，而肢体语言一定要放在整体环境中去解读。因此，如果你看到一只盯着窗外的猫咪摇

摆尾巴，那无疑是因为它看到了猎物，处于精神集中的警惕状态；而同样的动作如果发生在猫咪和同类在一起时，则意味着猫咪觉得不安，正在思考是逃跑还是把入侵者赶出领地。

铲屎官都不陌生的一个动作是猫咪尾巴竖直，同时尾巴尖端像问号一样弯曲。这样的尾巴表示猫咪是在和你打招呼，有时它们甚至会过来蹭蹭你的腿，很多铲屎官却把这个动作误解成猫咪索要食物的信号，其实从幼猫时期，猫咪就开始用这样的方式和捕猎回来的猫妈妈打招呼。因为没能理解猫咪的肢体语言，本应该是好好和猫咪打个招呼的时候，很多铲屎官却转身去拿吃的了。

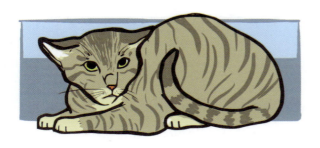

这样的肢体语言非常容易识别，猫咪蹲在角落，尾巴紧紧贴着身体，这是典型的恐惧表现。

尾巴环抱前腿，如斯芬克斯雕像一般端坐，这时的猫咪通常十分放松，甚至已经睡着。当猫咪身处安全感十足的环境中，即便是坐着也能睡着，姿势正如古埃及的雕塑一般。

图中是幼猫经常出现的姿势，全身毛发悚立，尾巴像毛刷一样立起。这是幼猫在面对敌人时，为了尽量让自己的体型看起来大一些所做出的努力。小猫咪这种自欺欺人的滑稽行为总能让铲屎官露出慈祥的微笑。

如果一只猫咪身体匍匐于地面，尾巴和身体呈直线，那它一定是在捕猎。更准确地说，它正处于捕猎的第一阶段，也就是静止不动、观察猎物的阶段，这样猫咪才能精准判断时机，一招制敌，捕获猎物。

　　猫咪在玩家中的小玩具时也会呈现相同的姿势，因为小玩具对猫咪来说和猎物一样，与模拟猎物互动对于猫咪的幸福感提升来说至关重要。

　　懂得观察和学会理解猫咪的尾巴语言能够保证我们和猫咪和谐共处，更能让猫咪和铲屎官的感情进一步升温。

养一只快乐猫

为什么夜晚时猫咪眼睛会发光

猫咪的眼睛在光线不佳的情况下也能保持良好的视力。它们的猎物大多活跃于清晨或黄昏，移动范围广、速度快，很容易和周围环境混淆。

猫咪的眼睛完美适应了这样的捕猎条件。猫咪眼球的形态以及视杆细胞（负责昏暗环境下视力和动作捕捉的一种特殊的感光细胞）的数量是为了适应夜行生活而演化出来的，其他夜行捕食者也具有相同的特点，如猫头鹰。

如果光线变弱，那么猫咪的瞳孔会放大成球形，让尽可能多的光线到达视网膜，虹膜发达的肌肉可以让猫咪的眼睛根据光线的强弱调节眼球的大小和形状。

在光线不足的环境下，猫咪的瞳孔能够放大到人类瞳孔的三倍。同时，猫咪视网膜后还有一层由扁平的矩形细胞组成的反光膜，帮助猫咪看得更清楚。

反光膜的中间部分较厚，大约有15~20层细胞，而周围则较薄。

这层像镜子一样的反光膜，又名"明毯"，帮助猫咪在光线不佳的环境下也能看得清楚，同时也解释了猫咪眼睛被手电筒、灯或闪光灯照射时出现的"磷光效应"。

当光线到达视网膜，其中一部分会被视杆细胞拦截，另一部分则会被反射。这些被像镜子一样的"明毯"拦截的光束会被反射回视网膜，再次重复相同的过程，只不过这一次方向相反。这样一来，就"恢复"了最多的光线，就可以对之前已经激活的感光细胞进行二次刺激。因为猫咪瞳孔的特殊性，它们的眼睛能够捕捉极为微弱的光线，而有了这种"反射机制"帮忙，它们才能够把这极微弱的光线尽量放大。这种机制使猫咪眼睛的效率提高了40%，猫咪也因此能够看到我们人眼觉察不到的东西。

白天猫咪的眼睛

夜晚猫咪的眼睛

在完全黑暗的环境，
猫咪能看见吗

在完全黑暗的环境下，即使是猫咪，也一样什么都看不见。但是如果在昏暗的环境下，猫咪的确更有优势。

猫咪可以"放大"光线，所以它们只需要非常微弱的光就能看得清楚。猫咪也"精心设计"了很多种机制来提升自己的视力。除了视野范围宽广，猫咪的角膜和晶状体相比眼球的其他部分也要大很多（最大化光线），它们的瞳孔能扩张得更大，还有"明毯"帮忙反射光线。高度集中的视杆细胞使得它们具有出色的夜视能力。

视网膜包含两种感光细胞：视锥细胞和视杆细胞。视锥细胞数量少于视杆细胞，对颜色极其敏感，通常作用于白天的视力。

视杆细胞数量很大（猫咪视杆细胞的数量大约是视锥细胞数量的 25 倍，人类视杆细胞和视锥细胞的比例则是 4：1），主要负责眼睛的夜间视力以及捕捉新图像和新动作的能力。这些特殊性使得猫咪仅需人类所需光线的 1/6，就能清晰辨别物体。

白天

晚上

人类在夜间看到的

猫咪在夜间看到的

盲猫能够捕猎吗

胡须是猫咪拥有的众多"神器"之一。胡须功能众多，其中最惊艳的一个就是感知空气的移动。

猫咪在移动时能够用胡须感知物体反射回来的哪怕是最微小的一点气流，所以即便是晚上猫咪也能灵活移动，再小的障碍物都不会对它们造成影响。

可以说胡须就像猫咪的"天线"或是内置的"雷达"，即使在晚上也能够帮助猫咪辨别物体、猎物和障碍物的不同，所以就算是在黑暗的环境下，猫咪也能安全移动。

盲猫同样具有这个能力，它们能用胡须去触碰猎物，估算它的形状和大小，以及准确的攻击位置，所以盲猫虽然看不到，但同样具有捕获和杀死猎物的能力。

盲猫或视障猫咪会通过左右摆头来用胡须探测地形上的差异和其他障碍物，胡须对于它们来说就像盲人的拐杖一样。如果没有胡须，那么盲猫的动作一定会受限。

猫喜欢甜食吗

对于猫咪饮食的喜恶有很多讨论。很多因素都会影响猫咪对食物的选择，不过最重要的三个因素，就是气味、口感和温度。猫咪容易被强烈的味道吸引，它们喜欢柔软但不黏腻的质感，也喜欢不扎嘴的酥脆物，富含脂肪、肉感十足、接近猎物温度（35℃）的口感也是它们的最爱。它们能够尝出咸味和酸味，不喜欢苦味或冰冷的食物，对甜食也不感冒。

猫咪是肉食动物，蛋白质是它们能量的来源，它们对甜食没有任何需求。所以，在长期进化的过程中，猫咪的味蕾对甜味始终毫无敏感度，因此也没有甜味味觉。权威研究证实，猫咪之所以无法察觉甜味，是对糖敏感的味觉传感器功能不足所导致的。哺乳动物的味蕾都是由相邻的两种蛋白质组成的，T_1R_2 和 T_1R_3，这两种蛋白质的基因编码不同。而猫咪的身体中负责制造 T_1R_2 蛋白的基因因为变异导致活性丧失。因此，当猫咪贪婪舔食我们的奶油或冰激凌时，真正吸引它们的是这两种食物中富含的脂肪，而不是糖分。

猫咪的触须

猫咪的触须比普通皮肤上的毛发长 3 倍且更加结实，到达皮肤里层的深度也更深。它有一层富含弹力纤维的结缔组织构成的鞘，布满了高度丰富且敏感的神经。触须分布在猫咪上唇两侧（一边 12 根胡须，顺序排列）、眉毛上，以及四肢的腕关节处（猫咪用前腿捕猎并抓住猎物），具有触觉功能：它们与重要的神经末梢相连，这些神经末梢会将所触及物体的信息传递给大脑。和天线一样，触须也处于不断的活动中，这样才能刺激毛囊中神经末梢的传感器。

这些极不易被察觉的触须动作，以及动作的方向和时长，被传导到能够解读躯体感应刺激的大脑皮层中，建立了周围环境的有效信息，也构建起了一个防御系统。比如，嘴上胡须的方位会根据不同活动的需要和猫咪的心情而变化，当猫咪攻击或自卫时，胡须朝后；当猫咪精力高度集中，捕捉微小信号时，胡须则朝前；若胡须朝下或弯曲向前，那是猫咪在识别脚下的地面是否有障碍；如果胡须朝前，几乎环抱住刚捕捉到的猎物，猫咪就可以借此判断猎物的姿势以及其皮毛或羽毛的方向，从而决定从哪里开始下嘴吃。

胡须

只有如此完美的机制，才能打造出像猫咪一样出色的夜行猎手，即使在昏暗中的光线下走在复杂的地形里，它们也能灵巧躲避所有障碍物，如履平地。猫咪的触须对于保护眼睛也有重要作用，它们就像猫咪的睫毛一样，能抢在眼睛之前触碰到物体，从而刺激猫咪闭上眼睛。这个能力在猫咪捕猎时非常有用，如此一来，全身心投入在猎物身上的猫咪就无须担心眼睛因为碰到树枝、树丛或草而受伤。

猫咪的眼睛可以聚焦在距离其 2~6 米（最后捕杀猎物的距离）的物体上，但比这更近的物体反而看不清楚。因为大脑接收到了眼睛可能受伤的信号，所以每次触须触碰到一个物体，猫咪都会条件反射地闭上眼睛。

也是胡须

在捕猎的最终捕杀阶段，触须也能派上用场。此时，大量分泌的肾上腺素会使得猫咪的瞳孔完全放大，但同时也会使得猫咪无法把注意力都放在嘴里的猎物上。触须可以帮助猫咪迅速、准确地判断猎物的形状，还能提示猫咪从哪里下嘴能给猎物致命一击。

弗莱门反应

　　猫咪的嗅觉高度灵敏。它们鼻子中的嗅黏膜面积比人类大2倍。不仅如此，猫咪还有一个小型的嗅觉器官，即犁鼻器，也称"雅各布逊氏器"。这个器官能够对进入猫咪鼻孔的空气进行化学分析。犁鼻器是辅助嗅觉系统中的一个化学感受器（包含大约200万个感觉细胞），帮助猫咪察觉气味和信息素，在标记气味时更是至关重要。

　　标记气味对于猫咪来说就像人类世界中的签名行为一样。当闻到特殊气味时，猫咪会停下正在做的事，抬起头，闭上眼，伸展脖子，微微张嘴，稍微弯曲鼻子和上唇。这个看上去充满好奇的面部动作就是"弗莱门反应"（来源于德语，"露出上排牙"），弗莱门反应使猫咪在闻到特殊气味（如尿液标记）时，能够通过上唇和舌头的移动以及短而快的呼吸节奏，尽可能多地吸入空

弗莱门反应

气。空气由联通鼻子和牙后方的导管集中进入位于上颚
的犁鼻器中，犁鼻器对空气进行分析，在空气与舌头和
上颚接触时，猫咪就能对空气中所含有的物质进行准确
的味觉判断。这个过程给予了猫咪尽可能充足的嗅觉信
息，这在它们的交流系统中至关重要。举个例子，如果
遇到尿液标记，猫咪能够从中获得很多信息，如对方的
性别、健康状况、日常饮食、是否发情、尿液标记的时
间以及其他各种有待被发掘的信息。

尿液标记

第8章
危险

家中的危险

　　俗话说，好奇害死猫，猫咪无可救药的好奇心经常让它们惹上麻烦。对于猫咪来说，我们的家庭环境中也有很多潜在的危险。猫咪喜欢躲在黑暗、隐秘的角落，所以开着的洗衣机和装了一半脏碗盘的洗碗机就成了它们的好去处，猫咪有可能趁我们不注意溜到里面玩。使用这些电器之前，我们永远要记得先检查一下猫咪是不是躲在里面，避免造成无法挽回的后果。

　　对于猫咪来说，厨房是名副其实的"雷区"。橱柜上的各种厨房用具、电磁炉、锅里的热油或热水、炉灶上的火、垃圾桶，等等，处处都是陷阱。

　　翻垃圾的时候，猫咪可以找到各种引起它们食欲和兴趣的东西：鸡骨、鱼骨、橄榄核（有可能引起肠道阻塞），香肠外包装（甚至还有上面的金属密封圈），这些东西一眨眼的夫就能被猫咪吞进肚子，更不敢想垃圾桶里还有玻璃、瓷器碎片等。电线也是吸引猫咪的高手，我们可以给电线套上特制的保护套，防止猫咪咬坏。家中的一些小装饰

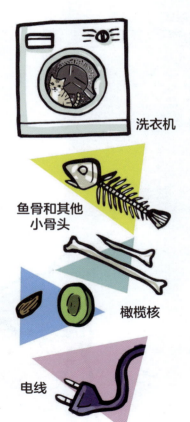

洗衣机

鱼骨和其他
小骨头

橄榄核

电线

品以及玻璃或水晶制品不慎摔碎后，碎片有可能会伤及猫咪，我们应该多加小心。尖锐的物品，如钉子、别针、大头针、剪刀等，用完也要记得收好。

　　熨衣板和斜靠在墙上的梯子可能在猫咪攀爬的时候砸到它们，猫咪玩耍电线的时候也很有可能不慎直接把电熨斗拽下来砸到身上，甚至烫到自己。

　　家中有幼猫时，不要放满浴缸的水后离开，也尽量先把地毯收起来，以防幼猫躲在地毯下睡觉的时候被踩踏。铲屎官们都知道，猫咪连吃饭的时候对美食都多有挑剔，所以不太可能主动舔食或吃下有毒的东西。但如果它们的毛发或爪子沾上了有毒物质，那情况就不一样了。

　　猫咪在毛发沾染了陌生气味或物质后的第一反应就是自我舔舐清洁，这个过程中，猫咪有可能随着舔舐不慎将有毒物质吃下。

　　猫咪毛发上沾染清洁产品或消毒产品，猫咪走过刚刚消过毒的地板，抑或是在刚施过肥、喷过杀虫剂的盆栽里刨土，这些都是最真实的生活场景，需要我们警惕。

　　除了以上这些，药品也要注意放在猫咪够不到的地方去，以防猫咪误食。

猫咪坠楼

在领养猫咪之前，请先确保自家的阳台和露台已经做好安全封窗，安装了结实的金刚纱窗或防坠楼拦网，这样才能避免猫咪在试图抓住一只小鸟的时候不慎坠楼。在大自然中，猫咪是会上树的猎人，猫咪捕猎时最后的一下猛扑就是猫咪爬到树上完成的。它们选准相对柔软、能够提供缓冲的地面，然后从树上一跃而下。但显然，猫咪能从高处跳下，并不意味着它们从 8 层楼高掉到水泥地面上也还能全身而退。

猫咪平衡能力好、动作灵活，是出色的运动员，所以我们想当然地认为猫咪根本不会坠楼。虽然猫咪运动细胞发达，但它们捕猎的本能更为发达。猫咪为了抓住一只迅速飞过的小鸟而不幸坠楼的事故屡见不鲜。所以我们必须竭尽全力保护好猫咪的安全，用护栏护网等给家里的窗户、阳台和露台做好封窗工作。专为猫咪设计的市售封窗材料非常丰富，比如加固的金属网，或者结实防咬的尼龙网，这种尼龙网织纹密集，能够防止幼猫和四肢纤细的猫咪（如一些东方品种）抓穿咬穿。这些保护网极易安装，可以依据家装需要安装在室内或室外，窗户、阳台、露台都可以安装，就算是角度倾斜的窗户或花园也没问题。

安装保护网时注意不要把网绷得太紧，以免使之成为猫咪理想的"攀登架"。如果保护网相对松散，猫咪就会觉得不够稳当，也就不会冒险攀爬了。

如果保护网的上方无法固定在一个结实的地方（如户外阳台的底部），可以把保护网向内倾斜45°后，再固定在结实的部分。

在百分之百确定安全之前，不要让猫咪跑到阳台或露台上去。

有毒植物

　　植物给猫咪带来的潜在危险主要有以下三种。第一，猫咪有可能接触到喷在叶子上的杀虫剂或浇在土上的肥料；第二，花瓶本身就具有危险性（被猫咪推倒摔碎的花瓶碎片可能使猫咪受伤）；第三，猫咪可能不慎食用有毒的植物。大自然中的猫咪不会食用有毒植物，但家猫不同，有时候它们可能出于摄取纤维的需要啃一株盆栽，也有时候可能单纯是无聊或好奇心驱使。对猫咪有潜在毒性的植物非常多，不慎食用后的危害更是数不胜数。家庭中最常见的对猫咪有毒的植物如图所示。

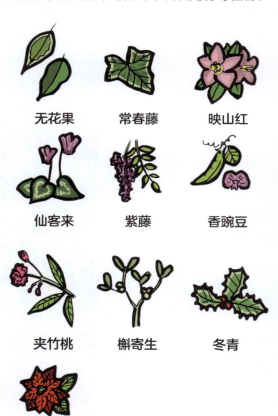

无花果　　常春藤　　映山红

仙客来　　紫藤　　香豌豆

夹竹桃　　槲寄生　　冬青

一品红

蔓绿绒

桃叶珊瑚属植物

茉莉花

绣球花

郁金香

杜鹃花属植物

喇叭花

番红花

铃兰

报春花

月桂樱

铁线莲

羽扇豆

彩叶芋

蕨类植物

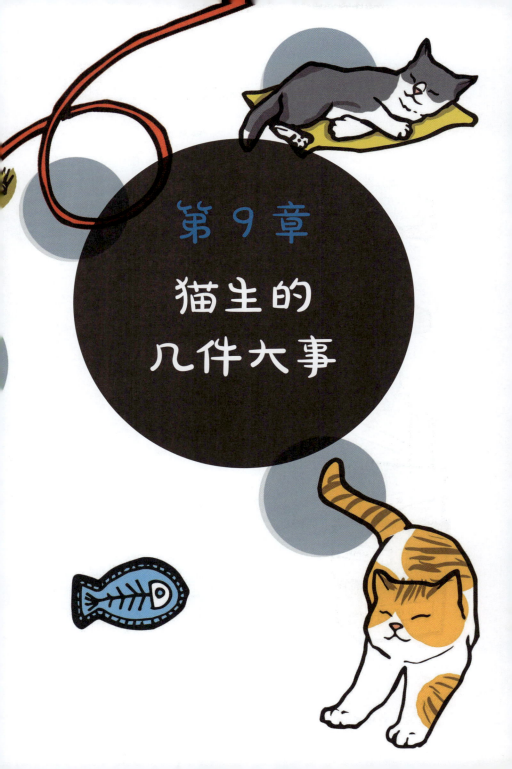

第 9 章
猫生的
几件大事

搬家

专家认为，搬家是人一生中最具创伤性的重大事件之一。其实不仅仅是对人，对于猫咪来说也是一样的。当猫咪搬到新家居住时，周围的一切参照物都变了，这会让猫咪觉得惊恐和不安。

几个简单的步骤就可以帮助猫咪把搬家带来的应激反应降到最小。如果我们之前已经请亲戚或朋友帮忙照看过猫咪并且猫咪已经熟悉那里的环境，那我们可以在搬家期间请亲友帮忙照顾猫咪几天。如果你找不到值得信赖的人，那最好的方案就是在老房子里找一个安静的房间，关上门，搬家期间先让猫咪住在老房子里，直到新房可以完全投入使用。

这期间注意把猫咪房间的门锁好，以防搬家工人在搬家过程中不小心将门打开。同样是听到噪声，如果处在陌生、甚至可能不友好的全新环境中，猫咪会更加害怕，而在一个相对熟悉的环境中则会好得多。

如果在新家中添置了新家具，那我们得采取一些措施，防止猫咪搬家后用尿液在新家具上做标记。很多人误以为这种行为的发

养一只快乐猫

生是因为猫咪和我们闹别扭了，它在报复我们。事实上，尿液标记只是猫咪让新环境充满熟悉气味的方法，仅此而已。想要避免这种情况，可以在搬家前几天把旧家的沙发、床，或者其他猫咪会去睡觉的地方套上罩子，让罩子充分沾染猫咪的气味。

搬家后，为了给猫咪一个熟悉的嗅觉参照物，把这些沾染猫咪气味的罩子套在新家具上至少一个星期，直到猫咪在新家留下足够的气味为止。

为了减少应激反应，我们也可以使用包装得类似空气清新剂的信息素产品，在搬到新家的前两天插上，让其充分释放。这种化学物质和猫咪为了自我安慰蹭物体时面部腺体分泌的物质一致。

当彻底搬完家，家中也没有闲杂人等之后，再把猫咪接到新家。给猫咪选一个安静的房间，放几个硬纸箱供猫咪躲藏。

猫咪自己的东西，如小毯子、玩具、猫砂盆，都可以放在新的房间里，帮助猫咪更快熟悉环境。

同时，铲屎官也需要每天几次轻声和猫咪说话，温柔地摸摸它。

如果猫咪没有那么害怕，给些好吃的或者陪它玩一会儿捕猎游戏也是不错的选择。如果猫咪藏起来，那就让它藏，不要强迫它出来，给它足够的时间按自己的节奏适应新环境。

我们可以在不在家的时候打开电视或收音机，来中和新环境中那些未知的噪声。

度假

夏天到来之际，猫咪和人一样，也应该度过一个愉快的假期。我们有以下三种度假选择：

- 🐾 带猫咪旅行。
- 🐾 找人上门喂猫。
- 🐾 寄养猫咪。

带猫咪旅行

如果条件合适，带猫咪旅行是人猫共度美好假期的最好方式。所谓条件合适，意思是你的猫咪胆子要大，性格外向，喜欢社交，同时度假期间你又会选择住在公寓或别墅里。猫咪可以探索新环境、拥有新体验，我们也可以和我们的小宝贝们享受一个清净、放松的假期。

出发之前我们首先要确定我们的猫咪习惯旅行，同时度假地的住宿条件也能够满足我们的要求。在度假地点，我们要确保猫咪没有偷溜出去的机会，居住地最好能远离公路，阳台和露台也应该是做好充足防护的。别忘了提前和居住地的负责人确认是否允许携带宠物。如果我们是家人朋友一起出行，那么我们应该确认是否有其他可能和猫咪发生冲突的动物同行，也应该提前征求他们的同意，确认没有人对猫毛过敏。如果想要长途自驾，那一定要使用航空箱，航空箱空间需要足够大，确保能够放得下一个小型猫砂盆；高度要足够高，让猫咪在需要时能够直立身体。如果猫咪容易晕车，记得旅行前要空腹。把航空箱安置在前排副驾驶的座位上或地上，系好安全带。

如果中途停车，不要把猫咪独自留在车里。即使把车停在树荫下面，车里的温度也会快速升高，导致猫咪中暑，造成不可挽回的后果。大家可以轮流下车，车上始终留人，这样我们也可以稍微打开车窗通风，同时不用担心猫咪逃走，也能随时查看车内温度。

如果是长途自驾，我们可能需要在中途清理猫砂盆。打开航空箱之前一定先确保车窗都处于关闭状态。即使是我们经常去的自家度假屋，也能确保猫咪有足够安全的户外活动环境，那也应该在前10天严格确保猫咪在室内活动，直到猫咪明白度假屋也是家，这里才是有饭吃的地方。

等到猫咪完全放松下来之后，我们才可以打开窗，让猫咪自由选择出入。在户外环境中不要把猫咪抱在怀里，这样会吓到它们。最初几次把猫咪放出去玩，要让它们空着肚子保持饥饿感，这样它

长途驾驶选择较大的方形航空箱并放置好猫砂盆。

短途驾驶选择高度足够高的航空箱，让猫咪能够随时坐直。

们才会记得回家吃饭。旅行之前记得做好防虫措施，并给猫咪戴上写着铲屎官电话的项圈，以防猫咪逃跑或走失。如果提前给猫咪注射了芯片就更好了。另外一个实用建议就是在到达度假时的居住地后和周围邻居打个招呼，让他们认识一下猫咪。露营类的假期就不要考虑带猫了，无论是住在帐篷里还是房间里，无论是从安全角度还是动物福利的角度出发，把猫咪关在如此狭小的空间里都不理想。

找人上门喂猫

如果你的旅行不适合带猫咪或是猫咪太过敏感不适宜旅行，你身边又刚好有值得信任的人，那我们完全可以把猫咪留在它们熟悉的家中。最好让看护猫咪的人提前认识一下猫咪，这样猫咪就不至于突然需要和一个陌生人共处，也能让铲屎官有机会观察一下猫咪对看护人的反应。看护人应该每天上门查看猫咪的状况，喂食、换水、清理猫砂盆，再花些时间和猫咪玩玩捕猎游戏。另一个解决方案是把猫咪送到一个自己没有猫的朋友家中寄养。如果选择这种方式，应该把猫咪提前一天带到朋友家中，看看猫咪的反应，安抚一下猫咪的恐惧情绪。

寄养猫咪

如果你想在旅行期间送猫咪出去寄养，那一定要留出充足的时间去寄养酒店亲自考察。寄养酒店应该有合作的动物医院，这样如有紧急情况发生，动物才能第一时间得到救治。猫咪的活动区域应该足够大，让猫咪有充足的空间移动和跳跃。

理想的寄养房间应该是封闭的、有围栏的，并且有足够的垂直空间，能够让希望在高处获得安全感的猫咪尽情攀爬。相邻房间的隔断应该是完全阻隔视线的，这样猫咪才不会因为看到其他猫咪而感到害怕，也能有效降低患传染病的风险。

每只猫咪都应该有自己的房间，猫咪关系好的多猫家庭可以选择把它们寄养在同一个房间。如果寄养酒店的房间太小、太过拥挤或者出现其他任何不够理想的情况，都不要把猫咪留在那里。

寄养时，铲屎官应该亲自把猫咪送到寄养酒店，不要通过第三方，这样才能亲自查看猫咪的反应，也能陪伴猫咪，直到它安顿下来。最好能够提前一天送猫咪去寄养酒店，第二天再去探望猫咪一次，安抚一下猫咪情绪，查看猫咪是否已经开始进食。铲屎官们需在寄养前一个月完成猫咪的免

猫咪房间

疫，确保产生了足够的抗体，也要记得做好驱虫。

寄养前几天应该带猫咪去找熟悉的兽医做个简单体检，测量一下体重。出具一份医生签字的健康报告，和猫咪的其他健康文件放在一起。记得带上猫咪自己的窝、一些它的玩具，还有一个可供躲藏的硬纸箱。如果对食物有特殊要求，记得带上充足的猫粮。紧急联系电话可以多留一个，方便联络。猫咪和人类不同，它们不是社交动物，也不想和其他猫咪"认识认识"，所以也不要选择多猫分享同一居住空间的寄养酒店。这样的环境只会让猫咪增加应激和患传染病的风险。如果遇到非常胆小的猫咪，可以先让猫咪在寄养酒店"试住"一两天，然后接回家，这样可以帮助猫咪熟悉寄养酒店的环境，应激时间又不至于太长。下次再回到寄养酒店的时候，它就不会觉得完全陌生，也能更放松了。

如果只能选择寄养，那最好选择淡季，这样工作人员也能有足够的精力和时间照顾猫咪。

寄养所需物品

健康体检报告

健康证明

猫咪的玩具

猫咪的窝

养一只快乐猫

猫咪拒绝下树怎么办

不是所有的猫咪都会下树，这是后天习得的技能，只有学过这个技能的猫咪才能掌握下树的本领。猫咪要学会协调四肢，保证右前肢和左后肢交替放松抓力，才能最终平稳落地。家庭豢养的猫咪没有机会学习这个技能，所以家猫是不会下树的。想要解救困在树上的家猫，我们只能寻求消防员的专业帮助。

对于猫中的爬树专家，我们只需要耐心等待它们下来。

注意不要让很多人聚集在树下，也要确保周围没有狗狗，以免猫咪不敢下来。每隔两个小时拿些好吃的去喊喊树上的猫咪，鼓励它下树。

会自己下树的猫咪　　　　家庭豢养的猫咪

美食引诱

求助消防员

如何找回走丢的猫

只要坚持不懈地寻找，大多数走丢的猫咪都能找得回来。如果家猫在不熟悉的环境走失了，那我们一定要主动把猫咪找回来，等着它们自己回家是不太可能的。

和狗狗不同，猫咪一般不会跑得太远，它们只要能找到一个安全的地点，马上就会躲藏起来。所以我们的搜寻范围应该集中在猫咪最后出现的区域附近。具体来说，如果猫咪在城市中走失，搜索半径应该是 500 米。一旦发现猫咪走失，我们应该马上开始搜寻周围区域，确定可能的躲藏地点，不要忘了地下室、车库、阁楼、通向屋顶的天窗这些容易被忽略的区域。

搜寻工作最好在晚上或清晨进行，因为只有在环境足够安静的情况下猫咪才有胆量活动，我们也只有在安静的环境下才不会错过哪怕最微小的猫叫声。千万不要放弃寻找，因为猫咪一定会十分紧张，不吃不喝，原地不动地待上几天。

寻猫启事

拿破仑

2020 年 10 月 27 日在布鲁克大街走失，公猫，黑白相间。如有线索，请拨打电话 373 xxx xxxx/349 xxx xxx。必有重谢！

猫咪丢失的第二天我们需要准备一些海报，写清猫咪的信息，别忘了附上照片和联系电话。征得当地店主的同意，把海报张贴在猫咪丢失区域附近的面包房、烟酒店、杂货店、超市等，让尽可能多的来往顾客看到。如果附近有动物医院，也别忘了在那里贴上海报。记得通知当地的寄养机构、动物保护中心和卫生部门，同时充分利用社交网络的力量转发海报。

　　在晚上搜索的时候我们可以拿上一盒干制零食，晃动盒子，让猫咪听到熟悉的声音，引诱猫咪现身。每天我们都应该按照相同的轨迹寻找，和平时一样不断呼唤猫咪，以此吸引猫咪的注意力，让猫咪知道我们来了，它们才有可能鼓起勇气，发出声音，尝试走出躲藏地点。千万不要灰心，不要停止寻找，在 7~10 天之内就找到丢失的猫咪是很困难的，很多人的猫咪走丢了一个多月才找回来。

　　如果你的猫咪平时习惯外出玩耍，但这次迟迟没有回家，那它多半是遇到了困难。猫咪有可能不慎被困在了车库或地下室，或者掉进洞里，已经受伤。以上所有的找猫步骤都同样适用于这种情况，同时我们还要耐心和邻居解释，请他们打开自己的地下室或车库，查看猫咪是否不小心被困在里面。在夏天尤其应该注意，因为很多人会离家度假，不会每天使用车库。另一种可能是，我们的猫咪可能受到了另一只猫咪的威胁，或是家猫，或是附近的野猫。如果是这样的话，我们应该让这只具有攻击性的猫离开一段时间，直到我们的猫咪放心回家。同时要积极寻找解决方案，以免相同的问题再次发生。

张贴海报

社交媒体

走失区域的墙上和路灯上

附近的商店

动物医院和动物收容机构

如何应对多猫环境

　　人类是社交动物，我们享受彼此的陪伴，我们喜欢和朋友出去吃吃饭，和家人出去度度假，所以我们想当然地以为，猫咪也是如此。因为这个执念，很多人都想再领养一只猫咪，和现有的原住民做伴。事实上，在大自然中，猫咪是独居动物，独自捕猎，也独自享用猎物，它们受不了其他猫咪出现在自己的领地上，也不想和其他猫咪分享资源。一旦有了这个设定，也就不难理解为什么强迫多猫共同生活在一起那么困难了。很多多猫家庭的铲屎官都认为一周出现一两次的打斗完全正常，无非就是互相示示威或偶尔看不顺眼，和我们人类没什么两样。也因为人类本身的社交天性，铲屎官这个时候通常会扮扮和事佬，化解猫咪的冲突。

　　猫咪本身并不需要这样的社交生活，严格意义上来说，如果猫咪想要生存下去，就应该在领地上出现其他猫咪的时候，第一时间把它们驱逐出去，它们丝毫不介意展示自己的敌意和攻击意图。很多互相看不顺眼的猫咪仍然不得不生活在一个屋檐下，猫咪持续处

养一只快乐猫

于应激状态中，强势的猫咪会不断示威，而弱势的猫咪则时刻生活在危险当中。这种情况在大自然中并不会出现，因为在户外不会存在"强迫共处"的情况，如果两只猫咪距离太近，那么其中一只会选择换个领地生活。

猫咪的语言很难解读，所以铲屎官通常无法及时发现问题。直到看到猫咪发生肉眼可见的暴力冲突、乱拉乱尿，甚至转而攻击铲屎官的时候，才意识到问题的严重性。化解这种紧张状态的唯一方法就是增加领地和资源。为了提高猫咪间和平共处的可能性，最好的方案就是增加不同高度的平台，扩大家中的垂直空间，给猫咪准备好猫爬架以及其他的躲藏地点和逃离路线。我们也要保证资源的充足，相应增加数量，如猫砂盆、猫窝、硬纸箱、躲藏地点、玩具，等等，注意拉开它们之间的摆放距离。多用钓竿式逗猫棒和猫咪玩玩捕猎游戏，帮助猫咪缓解紧张情绪。如果猫咪之间发生冲突，铲屎官应该用游戏或食物来分散它们的注意力，不要大喊大叫，那样只会让猫咪更害怕。

新养了一只猫咪时……

准备更多猫窝

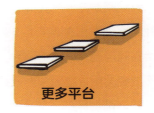

更多平台

更多猫砂盆

更多玩具

新猫与原住猫

　　尚在幼猫阶段的原住民更容易接受一只新到家的猫咪，而如果原住民已经是成年猫了，这个过程则会困难一些。为了提高两只猫咪和平共处的可能性，我们应该慢慢把它们介绍给对方认识。首先，我们一定要把新到家的猫咪单独隔离在一个安排好食物、水、猫砂盆和玩具的房间。这会给两只猫咪足够的时间逐渐熟悉彼此的声音和味道。几天以后，可以增加一些有限的互动，把门稍微打开（大概2指宽）但确保不会被完全推开，让猫咪能够看到对方但无法互相攻击。通过这条缝，猫咪可以自由决定是否想和对方互动，它们可以观察对方，但又不必担心自己会受到伤害。在猫咪交往的初期，吐口水、发出嘶嘶声或逃跑都是完全正常的行为。把见面的节奏交给猫咪自己，铲屎官不要心急，千万不要想方设法强迫它们拉近距离。不要妄图用食物吸引两只猫咪见面，这样做非常危险，还会有反作用。正如之前提到的，对于猫咪来说，在别人的领地上吃饭是一件让它们备感压力的事，所以食物一定要摆放在另一只猫视线不可及的位置。当猫咪靠近门缝时，我们可以用轻柔的声音和猫咪说话，注意避免突然的噪声，也不要在这个阶段抚摸猫咪，避免它们在紧张的情绪下攻击铲屎官。

　　新猫到家的这几天铲屎官应该特别注意观察两只猫咪的行为，确保它们没有严重的应激反应，能够正常地生活（如吃饭、喝水、睡觉、大小便）。不要让任何一只猫咪长期处在警惕的状态下。猫咪天性使然，最终一定会阻挡不住自己的好奇心，接近门缝，去了解另一边的同类。与此同时，我们可以在两只猫咪的房间轮流用逗猫棒和它们玩玩捕猎游戏，来消耗它们多余的精力。注意玩耍的时候离远一点，因为门的那一边可能正有另一只猫咪在悄悄观察它未来的伙伴。

如果猫咪还是无法习惯彼此，铲屎官可以在家安装带网眼或栏杆的宠物门，让它们习惯对方的存在。如果两只猫咪在半开门的阶段表现得平静且愉悦，那我们可以开始尝试让它们在铲屎官的监督下短暂互动。和它们玩玩游戏分散注意力，避免它们盯着对方，用缓慢、温柔的语气和它们说话，安抚它们的情绪。除非它们开始凝视对方的眼睛，否则我们无须干预。如果它们已经开始盯着对方的眼睛，铲屎官应该用玩游戏或给食物的方式把它们分开，最好将其中一只猫咪转移到其他房间，但是不要大呼小叫，那样会吓到猫咪。

在铲屎官的监督下，我们可以慢慢增加两只猫咪共处的时间。在你确认两只猫咪没有互相攻击的行为之前，不要把它们单独放在一起。把新猫介绍给原住猫的过程是循序渐进的，这个过程可能会长达两周之久。可以在家中插上信息素产品，帮助猫咪更顺利地过渡。但无论使用什么产品，都一定要配合循序渐进的见面节奏。也有的时候，无论我们如何尝试，新猫和原住猫都不能和谐相处，那么铲屎官就要果敢一些，给新猫找一个新的家庭，不要做无谓的坚持。

没有人愿意和一个每天攻击、威胁我们的人生活在一起，人类是这样，本是独居动物的猫咪更是这样。有老年猫咪的家庭就不要考虑领养新猫了，它禁不起新猫的折腾，尤其禁不起幼猫的折腾。多陪陪它，摸摸它，好好照顾它，让你的老朋友安享晚年吧。

新猫与原住狗

　　最理想的状况就是同时领养小猫和小狗，这样它们在幼年期就可以开始互动和社交，把对方当作自己的朋友。如果家里已经有了一只狗狗，那我们就要另做打算。

　　不是所有的成年狗狗都能把猫咪当作伙伴，有些狗狗甚至会把猫咪当作猎物并试图将其杀死。还有些狗狗觉得猫咪是个新玩具，因此会过于热情地互动，从而引起严重的后果。

　　如果我们家中已经有一只狗狗，那么在领养一只幼猫前，我们应该寻求专业行为学家的帮助，来评估一下狗狗。狗狗的捕猎行为是无法被改变的，所以家中的狗狗如果有捕猎意向，那么领养一只小猫回家是绝对不建议的。

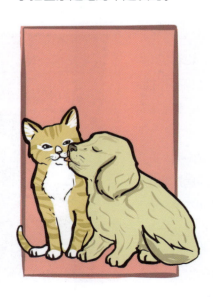

　　在共同生活的初期，最好让两只动物直接见面，但确保它们之间有安全的阻挡，比如宠物门，这样它们可以开始互相熟悉，又不至于互相伤害。

　　铲屎官们常犯的一个错误就是直接把新来的猫咪抱到狗狗的鼻子前。这种行为既没有尊重动物的安全社交距离，也打破了它们的社交礼仪，会让两只动物都感到紧张害怕，还有可能引起潜

在的攻击行为。在领养小
猫之前，我们自己首先要
通过游戏和狗狗建立坚固
的感情纽带，让狗狗明白，
它们和人类的关系才是最
重要的。

　　明白了这一点，我们
就能在狗狗对小猫的接触
中出现过激行为时，成功
把它叫回来。"坐下" 的
指令也十分重要，这样铲
屎官才能在必要的时候更
好地控制狗狗的行为。

　　在最初见面时，如果两只动物已经各自安全且互相熟悉了，那
我们就可以进行下一步了。把猫咪抱到高处，以此减少猫咪的恐惧感。
这个时候再让狗狗进来，和狗狗玩一会儿，转移狗狗对猫咪的注意力。

　　给狗狗发出"坐下"的指令，然后奖励一个小零食。这样狗狗
就能把猫咪和愉快的体验联系在一起，猫咪也不会觉得受到威胁，
好奇心会逐渐增强。所有猫咪的物品和必需品（食物、水、猫砂盆）
都应该放置在狗狗不会出现的地方。

　　在家中的高处给猫咪安排一些可以躲避和放松的地方非常重要。

　　在大自然中同样是这样，如果猫咪感受到危险，它们就会逃到
更高的地方（树上）去躲避追赶。

　　慢慢地，两只小动物是可以成为朋友的。在确保它们不会互相
攻击之前，永远不要把它们单独留在一起。

新狗与原住猫

如果家里有猫的铲屎官打算领养一只狗狗，那我们一定要非常循序渐进地让它们见面。

首先，永远不要把一只毫无准备的狗狗贸然带到猫咪的领地来。

狗狗一定要接受训练，能够遵守"坐下"的指令，这样我们才能更好地控制狗狗的行为。初次见面，狗狗应该被带到家门口，但不要进入，不要让两只动物面对面。

这个时候的猫咪通过味道就能感受到狗狗的到来，铲屎官可以观察猫咪的反应。

如果看到猫咪出现害怕或不安的表现，那么狗狗应该被立即带离这里；接下去的几天重复同样的操作，直到看到猫咪的情绪由不安转为好奇。

这个时候我们就可以把门打开大概2厘米，但是让狗狗离远一些，给猫咪接近门口观察的机会。

同时，牵着狗狗的人应该让狗狗背对门口坐好，并给予狗狗奖励。这样能够避免狗狗看到猫咪后吠叫而让猫咪更加害怕。这个时候的猫咪可能会有几种表现：好奇、害怕、惊恐、攻击。

在猫咪的所有消极情绪全都演变

为好奇之前，我们都不能把狗狗带到家里来，应该每日带狗狗和猫咪重复相同的动作。

有时候一只把对狗狗的攻击情绪积压在心里的猫咪（猫咪无法攻击到另一边的狗狗），有可能转而把这种情绪发泄在铲屎官或周围其他人的身上。所以这个时候，我们只需要用声音和语言去安抚、鼓励猫咪，不要试图抚摸。

在敞开大门让狗狗进家里之前，一定要在每个房间都给猫咪准备好一系列的逃离通道，这样猫咪才能在需要的时候顺利到达高处的躲避空间。

可以在家里安装儿童安全门，给猫咪隔离出一块狗狗接触不到的安静空间。

我们要确保猫咪能够在不经过狗狗领地的情况下，顺利接触到自己的必需品，尤其是猫砂盆。

狗狗应该学会和主人互动玩耍，而不是把猫咪看作"自动解闷毛球"。即使想要限制两只动物接触的时候也不要大喊大叫，那样只会让它们把彼此和不愉快的经历联系到一起。

当两只动物在一起时，我们应该用轻柔的声音表扬它们的正确行为。

第 10 章

其他实用
信息

宠物芯片

宠物芯片登记

大多数国家都有宠物芯片登记系统，这是一个包含了宠物和主人信息的数据库。宠物信息中包含了宠物的品种、年龄、性别和毛发颜色等。

想要给宠物办理登记，需要注射一个宠物芯片。宠物芯片是一个包含 15 位数的序列号、米粒大小的装置，注射在动物颈部左侧，可以在兽医处完成。利用一个特殊的宠物芯片扫码器，就能扫描芯片，读到动物和主人的信息。动物医院和很多配备了读码器的警察局都能完成这个操作。这样一来，宠物芯片登记系统就能提供可追踪的宠物信息。

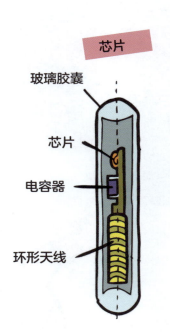

芯片

玻璃胶囊

芯片

电容器

环形天线

宠物芯片

猫咪是完全可以接种宠物芯片的。整个注射过程操作简单、没有痛苦，也无须药物镇静或麻醉。芯片被一个防移位的胶囊包裹，固定在注射位置。芯片信息通过外部的扫码设备被读取，有效期长达几年。这种电子身份系统给我们的动物提供了准确的"身份认证"，这对于寻找走失的宠物非常有用，如果宠物被人捡到了，主人就能以宠物芯片来证明宠物的身份。这个系统还能方便我们追踪记录宠物的健康情况、保险情况，也能有效防止宠物被盗和被遗弃的情况发生。给宠物上保险、更换主人或者在各种猫咪协会注册时都需要宠物芯片。宠物芯片登记系统还可以协助基因病的预防、护理和控制，因为只有

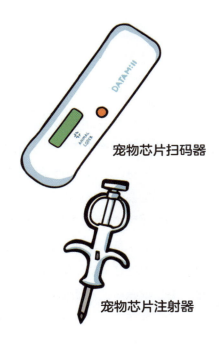

宠物芯片扫码器

宠物芯片注射器

在已经注射过宠物芯片的动物身上，我们才能完成相关调研、流行病学研究及筛查。大多数国家在给宠物签发护照时都要求将其宠物芯片登记在国家数据库中，有时候还会要求注射狂犬疫苗。意大利从2005年开始就针对外国旅客所携带的宠物提出疫苗注射的强制要求。疫苗需要在离境前几个月完成注射，最好留出充足的时间，提前和你的动物医院进行联系，获取详细信息。

项 圈

如果你家正好有一个远离道路、有安全围栏的花园，那你的猫咪一定会非常开心。

让猫咪戴上写好了它的名字、地址和主人联系电话的项圈是一个好习惯。市面上有各种各样的项圈样式可供选择。

市售项圈有数不清的形状和材质，可满足每个铲屎官的审美。有最简洁的基础项圈、可伸缩调节的项圈，还有能增加夜间可见度的荧光项圈，也有红丝绒材质和绒毛镶边的皮质项圈。习惯爬树的猫咪佩戴的项圈一定要有安全扣，保证项圈能够在猫咪不慎被挂住的时候自动打开。猫咪应该从幼年起就开始习惯佩戴项圈。如果已经是成年猫咪，可以让猫咪每天配佩项圈几分钟，戴上项圈后和猫咪玩玩它最喜欢的玩具，分散注意力，让猫咪逐渐适应。每天重复这个过程，用不了多久，猫咪就会习惯佩戴项圈了。

严格在室内豢养的猫咪不需要佩戴项圈，特别是有铃铛的项圈，只会让猫咪觉得烦躁。有些项圈自带芯片，但这并不能取代之前提到的宠物芯片。对于习惯外出的猫咪来说，两者都是不错的"身份证"。

带芯片的项圈的好处是，既够让猫咪很容易就被认出来，也能轻松获得主人的信息。

但是有时候猫咪会不慎弄丢项圈，或者主人忘了给它们带上项圈，那么这个时候，注射在体内的芯片就是它们回家的唯一可靠的方式了。

安全扣项圈，带有写着主人姓名和联系方式的名牌，一旦项圈拉紧，安全扣会自动打开，防止猫咪窒息。

荧光项圈，同样带有防止猫咪窒息的安全扣。

硅胶材质的夜光项圈，黑暗中可见度达 500米。有内置灯，亮度可调节；插扣设计，配有 USB线可充电。

第11章

健康无小事

去动物医院

留出充足的时间去考察、选择一家动物医院，不要等到紧急情况发生时再去找兽医。第一次去动物医院的体验尽量不要吓到猫咪，以免猫咪把去动物医院和不愉快的情绪联系到一起。

和医生提前预约，避免猫咪长时间等待；如果不能提前预约，就带着猫咪在车里等待，因为候诊室里的其他猫咪和狗狗有可能吓到你的猫咪，让就诊更加困难。从家里带上猫咪自己的小毯子，避免猫咪的身体和冰冷的诊台直接接触，猫咪闻到熟悉的气味，也会更有安全感。在候诊室等待时，如果可能，尽量把航空箱放在高处，身居高处会让猫咪更放松。也可以把航空箱放在你旁边的座位上，或者你的腿上。不要让其他动物接近航空箱，或许它们看起来很友好，但仍有可能携带传染病毒。

就诊时，和医生沟通好有关猫咪的重要信息后，再把猫咪抱出航空箱。为了避免过长的就诊时间导致猫咪出现应激反应，铲屎官要注意不要打扰医生工作，等到完成了所有检查，猫咪也已经回到航空箱休息时，再提出自己的问题，听取医生的建议。就诊过程中，铲屎官应该轻抚猫咪，并用轻柔的声音安抚它。用小零食或玩具分散猫咪的注意力也是不错的方法。注意：应当在令猫咪不愉快的操作（注射、肛门测温）结束之后立刻给予零食奖励，不要在这些操作之前或进行的时候给予奖励。

回家之后，清洗航空箱，洗掉猫咪在害怕时留在航空箱中那些标志着紧张情绪的信息素（腺体分泌的物质）。这样，下次需要出行时，猫咪才不会因为闻到了之前留在航空箱中的紧张信息素而感到恐惧。

养一只快乐猫

如何喂药

无论是片剂、液体还是注射，给猫咪喂药都是一件难事。猫咪是一种易怒的动物，对吃药极度抗拒，也不喜欢被紧抱。这可能是铲屎官遭遇的最头疼、幸福感最低的一项工作。

没有一个万能公式能够适合所有猫咪，我们要尝试各种办法达到让猫咪吃药的目的。所以最好在猫咪生病前就教会猫咪吃药。

打开猫咪的嘴巴，喂上两三粒和药片大小相似的小零食是个不错的办法。需要喂真正的药片时，先给猫咪喂一两个小零食，再骗猫咪吃下药片（为了改善口感，可以给药片沾上美味的脂肪类涂层），然后立刻再喂一个小零食。在这个过程中，铲屎官也能练习喂药的动作和流程，以备不时之需。如果喂药前还没来得及教猫咪练习吃药，那么我们就要选择一个最适合自己猫咪的方法。

喂片剂时，一个老办法是把片剂化开或碾碎，然后和食物拌在一起。这个方法不一定有用，因为猫咪的嗅觉高度灵敏，能够轻松察觉食物的异样，只要觉得食物当中出现了不熟悉的成分，猫咪就会绕开拌了药的部分，只吃掉没有被药物污染的食物。采取这种方法喂药时，可以在拌了药的食物中撒上一些味道强烈的东西，盖过其中药物的味道。猫咪生病的时候食欲本来就会变差，对平时的食物都可能失去兴趣，更别提是拌了药物、闻起来可疑的食物了。也可以尝试在宠物店购买柔软的、橡皮泥质感的零食，将其包在药片外面。

这样一来，猫咪就能轻松吃掉包裹在零食里的药片了。

如果这个方法行不通，那我们就要启动后备方案了。虽然这对非专业人士来说不算是个轻松的任务，但我们可以考虑直接把药片放到猫咪嘴里。

用一个毯子把猫咪裹起来，只留下脑袋在外面，这样可以固定住猫咪，同时又不会伤到它。

用左手轻柔地托住猫咪的下颌，稳定住猫咪的头部，小心把猫咪头部向上扬，直到口鼻部指向天花板。

右手指放在猫咪的下牙上，向下轻按，打开猫咪的嘴。把药片放在舌头上，越深越好，然后立刻合上猫咪的嘴。

保持猫咪的头位置不变，轻柔地按摩猫咪的喉头部位，刺激吞咽反应。可以把药片涂上黄油、营养膏、凤尾鱼泥或橄榄油，帮助猫咪顺利吞下药片。如果这招也行不通，可以试试喂药器，这是一个没有针头的注射器，可以直接把药片推到猫咪的喉咙处。同样的，记得给药片涂上脂肪类的物质或者液体，帮助猫咪更好地吞咽。

喂药后，一定要给猫咪一些食物和水，确保药片不会粘在猫咪食道里，造成炎症和其他损害。

如果这些招数都不管用，我们还可以试试下面这个古老的"脏猫法"。把药片碾碎，和一点黄油或营养膏混在一起，然后把混合物涂在猫咪的爪子上。几乎没有几只猫咪能够和自己的"洁癖"抗衡，一定会开始舔舐爪子，也就把药吃进去了。

另外一个比较困难的是给猫咪喂液体药物。可以使用没有针头的注射器完成喂药。和之前一样，铲屎官需要稳定住猫咪的头部，将注射器放在猫咪的嘴角，然后把液体挤进猫咪口中。

永远不要让猫咪的头部和地面平行，也不要把猫咪的嘴张得很大，这样做会导致猫咪无法正常吞咽。

注射对于一些猫咪来说也是必不可少的手段，比如需要注射胰岛素的糖尿病猫咪，或者因为严重呕吐无法正常口服药物的猫咪。

铲屎官可以向医生学习如何进行皮下注射。首先需要有人抱着猫咪，稳定住猫咪后用左手提起猫咪的皮肤，形成一个"三角区"。平稳地将针头扎进三角区，缓慢推动注射器。注射给药有几个缺点，一是需要帮手，二是需要注意消毒，避免感染，三是注射过程也会弄疼猫咪导致猫咪反抗。如果治疗周期比较长，那么最好的方法就是每次都在同一个房间进行操作，这样猫咪对状况能够做出预判，不至于整日处于紧张状态，或者见人就跑。

铲屎官千万不要在猫咪吃饭或睡觉的时候试图"出其不意"进行注射。我们应该规律地进行这件事，这样猫咪就能习惯我们操作的时间和方式，一旦操作结束了，猫咪就能回到放松的状态。

给性情温和的猫咪滴眼药水、洗耳液，或是涂眼药膏都不算难题。

涂眼药膏是一个非常简单的操作，一手稳定住猫咪的头部，另一只手在猫咪的眼角挤上一点眼药膏，注意不要让眼药瓶接触到猫咪的眼球，避免感染。

上药后立即按摩眼皮部分，让药膏均匀分布在眼中。

滴眼药水也是同样的流程，只是要记得在点好眼药水后，让猫咪的头部保持不动，眼睛张开，让眼药水尽可能多地接触眼球。

滴洗耳液的时候，固定好猫咪的身

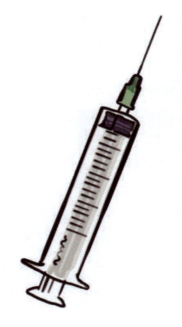

养一只快乐猫

子，把猫咪的头转向一侧，耳朵稍微向后。

如果有两个人同时操作，其中一人可以轻轻按摩猫咪不需要滴药的那只耳朵。这样会帮助猫咪分散注意力，滴药也会更轻松一些。滴药后，按摩整个外耳郭，这样能够确保药物完全进入耳道中，不会因为猫咪大幅甩头而把大部分洗耳液甩出去。

很多药品都有片剂、液体和注射三种不同形式的选择，在医院开药时，我们应该根据猫咪的性格和自己的喂药经验提示医生，开具适合的药品。

注意认真阅读药品的使用说明，确认药品保存的方式，很多药品打开后就需要冷藏保存。除此以外，猫咪和人类以及其他动物的新陈代谢都有所不同，一些适合其他物种的药物对猫咪来说可能就是有毒的。

因此，永远不要在咨询医生之前擅自给猫咪喂药。

伊丽莎白圈

猫咪不喜欢上药，更不喜欢自己的毛发被弄脏，所以如果给猫咪涂抹了消炎药膏、乳霜等，那铲屎官估计很快就能听到猫咪舔舐清洁自己的声音。即使是伤口的缝合处和包扎处，猫咪也会试图舔舐。大多数时候，那些看起来具有弹力、能直接包裹住皮肤患处的保护措施，如常见的术后手术服，一般都维持不了多久。猫咪轻而易举就能撕掉这些保护措施，成功舔到患处，这样会阻碍痊愈的进程。

为了防止这样的事情发生，我们可以使用伊丽莎白圈，戴圈后，漏斗形的项圈可以限制猫咪头部的移动范围，有效防止猫咪舔到伤口。如果创伤区域在头部（耳朵、眼睛、口鼻、颈部），伊丽莎白圈还能防止猫咪用爪子抓挠这些区域。给猫咪戴上这个看似残忍的"刑具"后，猫咪会变得笨手笨脚，让铲屎官更加心生怜悯。的确，

刚戴圈的前几天，猫咪一定会表现出不适和不情愿，耐心一些，过几天猫咪就会适应了。有时为了阻止猫咪自我伤害，病情进一步恶化，戴伊丽莎白圈是唯一的方法。大多数时候，猫咪戴圈几天就足以取得良好的成效，伤口不会因为被过度舔舐或抓挠而恶化，猫咪也能在最短时间内恢复健康。

猫咪住院

无论我们如何避免，有时候住院仍然是躲不过去的。如果猫咪不得不住院，我们应该尽最大可能帮助它们减少应激反应。给猫咪带上有自己气味的小毯子、一个可以躲藏的纸箱子，以及猫咪平时吃的食物（不违背医嘱的情况下）。和医院的工作人员沟通好探视时间，多去探望猫咪，这能很大限度地帮助它们在一个陌生环境中获得安全感。很多猫咪

只有见到自己的主人后才会开始吃饭、喝水和大小便。

猫咪刚刚出院回家，应该和家中其他的猫咪隔离开，给它一些时间散去医院的味道，重新拥有家中的味道，这样能够避免其他猫咪因为住院猫咪身上的陌生气味而对它发动攻击。再次让猫咪见面时，稍微打开门（2指宽），让猫咪互相闻闻对方，如果其中一只猫咪表现出攻击性，那就继续保持隔离状态，再耐心等一等。

超重猫咪

　　过度肥胖在家猫中并不罕见。

　　导致这个问题的因素有很多，劣质食物、与体重不匹配的卡路里摄入、能量消耗不足、对肥腻食物的热爱，等等。年龄的增长和绝育都会导致猫咪食欲的上升和新陈代谢率的下降，同样会引起体重增加。

　　其他因素还包括缺乏兴趣、缺乏刺激、缺乏身体活动和无聊，这些都会对家中的独猫产生影响。很多铲屎官还会误解猫咪的身体语言，猫咪过来打个招呼就会被误认为是索要食物或零食。如果猫咪过来蹭你的腿，不要立刻给予食物，这样只会继续强化这个行为。

　　肥胖会带来很多健康风险，给很多器官带来负面影响。肥胖不仅会加重猫咪骨骼的负担，使它们因为疼痛而不愿活动，还会对猫咪的心肺功能造成影响。肥胖猫咪更易受到麻醉和手术的影响，容易发生感染，也更易患上脂肪肝和糖尿病，这些都会缩短猫咪的寿命。皮肤和毛发问题也不容小觑。肥胖猫咪因为身材原因不能很好地打理自己，长此以往会造成毛发粗糙、皮肤干燥、甚至产生毛结。同时，肛周区域的不洁也非常容易诱发皮肤炎症。所以，帮助猫咪保持合适的体重非常重要。如果猫咪需要减肥，铲屎官一定要严格遵循医嘱，要和医生确认好匹配猫咪热量需求的喂食量和喂食次数，定期复查，监测体重，按需要调整饮食结构。

铲屎官可以把喂食的次数、分量及定期复查的时间记录下来，方便全家人查看。有了全家人的努力，一定会见到成效。除了全家人共同的努力，我们还要鼓励猫咪多玩捕猎游戏，用各种方法引导猫咪锻炼。

把食物分装在小盘子里，藏在家里的各个角落，让猫咪自己寻觅，把小零食扔出去让猫咪追逐，使用漏食玩具让猫咪边玩边获得食物。这些游戏能够强迫猫咪动起来，也会减慢猫咪的进食速度，同时会让猫咪在觅食的过程中得到锻炼。每天循序渐进地引导猫咪运动，哪怕只有几分钟，不要因为猫咪刚开始的时候没有兴趣就失去耐心。让一只过度肥胖的大懒猫立刻就完成我们提出的要求是不现实的。哪怕猫咪动也不动，仅仅是对小玩具展现出兴趣，也是好的。

只要每天坚持引导，给予猫咪正向的鼓励，告诉它们"做得好"，或者给予一个低卡小零食（不超出每日应摄入总量的情况下），我们最终一定能够让猫咪动起来。

老年猫咪的关爱与护理

　　我们应该给予老年猫咪特殊的关爱与护理。年龄的增长会给猫咪带来很多变化，铲屎官要能够识别这些变化，帮助老年猫咪维持生活质量，避免延误诊断和治疗。随着猫咪变老，它们也变得更加脆弱，它们的免疫系统机能下降，对药物的反应也和年轻动物不同，无论是身体上还是心理上都更加难以适应生活中的新变化。有一些缓慢发生的改变应该引起铲屎官的注意，比如毛发和皮肤的变化，体重和肌肉量的变化，食欲丧失及睡眠时间的增加。这些变化不易被察觉，我们经常把这些变化归因于猫咪年龄的增长，从而忽略它们产生的真正原因。

　　如果这种变化突然出现，那我们应该警惕起来，这有可能预示着某些疾病的发生。猫咪非常善于忍受和隐藏症状，所以很多疾病到了被铲屎官发现的时候已经很难治疗了。也正因如此，老年猫咪应该每半年进行一次体检和疾病筛查，给可能发生的疾病最大限度地做好预防措施。

　　有一些重要的指征可以给铲屎官做出提醒。

　　其中一个最简单的方法就是监测体重并帮助猫咪维持合理的体重。很多猫咪随着年龄的增长都会变胖，但也有一些猫咪的体重会减轻。原因通常是消化能力变弱而导致的营养吸收不足、口腔炎症导致的食欲下降，或是嗅觉和味觉的退化。

　　即使是很小的体重降低也有重要意义。如果猫咪食欲不佳，可以尝试每天少食多餐，选味道好的食物，加热一下，让食物充分散发出香味。老年猫咪经常受到关节问题的困扰，疼痛会导致它们运

养一只快乐猫

动能力的下降和行为的改变。

身体疼痛的猫咪活动量会减少，喜欢自己待着，玩耍的欲望也会下降。它们不再愿意爬到自己喜欢的高处，也不再舔毛梳理自己，就连迈进正常的猫砂盆可能都变得无比困难，因此它们可能会出现乱拉乱尿的情况。这个时候铲屎官不要和猫咪发脾气，应该正确理解猫咪的困难和痛苦。惩罚猫咪毫无意义，尤其在身体不适、年老糊涂，或者仅仅是够不到猫砂盆的时候惩罚它们更是不应该。所以我们应该把猫砂盆调整到猫咪能够轻松进出的位置，确保边沿不要太高。千万不要把猫砂盆放到寒冷的阳台或露台上去。

如果猫咪身体疼痛，铲屎官需要遵医嘱给猫咪用药，缓解它们的不适，也应该在家中进行一些改造，让家中环境更能适应老年猫咪的特殊需要。老年猫咪可能很难再轻松到达它们最喜欢的休息区域（如上床睡觉），所以它们可能需要寻找新的地方。

这对于铲屎官来说也许不算什么大事，但是对于动物来说，这样的变化很容易成为应激的原因。

我们应该给老年猫咪提供一个小凳子，或者是贴着防滑地毯的宽步楼梯，方便它们上下。最好用的工具就是三步梯，每步 40 厘米长，25 厘米宽，每步间高度大约 10 厘米。

注意观察，确定好猫咪喜欢休息的新区域，再垫上一个软垫子或一件旧毛衣，把猫咪的必需品（水、食物、猫砂盆）挪到附近。

家中最暖和的地方也是猫咪休息区的绝佳选择。可以把猫窝放在暖气旁边，垫上加热垫，再放一条温暖的法兰绒毯子。放松的时候，猫咪很喜欢主人给它们做按摩，铲屎官可以轻柔地按摩猫咪的颈部和脊椎，按照猫咪的意愿去抚摸它们。

对于颈部关节疼痛的猫咪，我们也可以把水碗放到距离地面 8 厘米高的位置，这样猫咪就不用非得弯曲颈部才能喝到水了。

猫咪是出了名的有"洁癖"的动物，梳理毛发是它们生活中最重要的日常行为。很多受到口腔疾病或关节炎困扰的老年猫咪无法再梳理自己。这个时候铲屎官应该每天抽出一些时间，动作轻柔地给它们梳梳毛。

MIN. 40 CM　　25 CM　　10 CM

三步梯是最理想的选择，每步大概 40 厘米长，25 厘米宽，每步之间高 10 厘米左右。

因为爪部关节的疼痛，猫咪可能不再愿意磨爪，外层甲鞘也无法自行脱落。这会增加罹患指甲内嵌的可能。指甲内嵌会导致炎症，让猫咪的行走变得困难。注意检查猫咪指甲的情况，定期修剪，避免指甲内嵌的发生。

很多人认为领养一只幼猫来陪伴老猫是个不错的想

法。强烈建议铲屎官们不要这样做。幼猫活泼好动、精力充沛，很有可能打扰老年猫咪的生活，造成老年猫咪的应激反应。

老年猫咪和幼猫的生活节奏完全不同，老年猫咪需要更长的睡眠时间，而且也更加不愿改变习惯。

任何打破它们日常生活规律的行为都有可能对老年猫咪的健康带来严重后果。

老年猫咪的饮水

猫咪饮水量小，尿液高度
浓缩，年龄越大越是这样，老年猫咪甚至没有口渴感。很多时候它们都因饮水量不足而长期处于慢性脱水状态。这种情况有可能带来严重的后果，如老年猫咪多发的肾衰竭和甲亢。

想要保证老年猫咪充足的饮水量，我们就要刺激它们喝水。湿粮喂养对于老年猫咪非常友好，湿粮水分充足，可以提升老年猫咪的饮水量。

在猫咪的食物中由少至多地加入水或肉汤（大约1汤匙），注意循序渐进地加量，不要突然改变猫咪的饮食习惯。肉汤可以提前煮好，冷冻在冰格里，随用随取。温热的肉汤和鱼汤都是不错的选择，注意不要加盐和其他调味料。不要使用人食的高汤块，这些高汤块中一般都添加了大量的洋葱（可能导致贫血）和盐。

在家中多增加几个方便的饮水点也能鼓励老年猫咪多喝水，注意更换更适合老年猫咪的水碗，使用饮水机。优先选择玻璃、陶瓷或金属材质的大饮水碗，避免使用塑料容器。按时换水，保持水的清洁，尤其是夏天。在水碗里放些冰块也能鼓励猫咪多喝水。

老年猫咪的"阿兹海默症"

生活方式、营养及医疗条件的提升使得猫咪的预期寿命不断提升，随之而来的是更多伴随高龄而出现的行为表现。15 岁以上的猫咪超过 50% 都会出现行为问题，也被称为"认知紊乱综合征"。这种神经退行性表现和人类的"阿兹海默症"相似。表现在猫咪身上，我们会看到嚎叫（异常而持续的）、昼夜颠倒（时睡时醒，伴有奇怪的嚎叫）、乱尿、和家人互动方式的改变，以及其他日常居家行为的重大改变。猫咪认知紊乱综合征由医生通过门诊检查和血液学检查的参数，对猫咪的症状进行评估，最终做出诊断。

养一只快乐猫

需要排除系统性疾病（如甲亢）及神经系统紊乱。如果及时发现，我们是可以通过治疗来减缓病情发展的。应该给猫咪提供富含抗氧化剂和脂肪酸的特殊饮食，这种饮食能够有效提高脑细胞的新陈代谢功能。

也有很多方法可以帮助铲屎官提高猫咪的生活质量。罹患认知紊乱综合征的猫咪通常因为缺乏安全感和方向感而限制自己的活动空间。给猫咪准备一个硬纸箱，让它随时可以躲起来。

另外，确保猫咪所需的生活必需品都在它的附近。和它玩玩适合它年龄的捕猎游戏对猫咪来说也是良好的刺激，每次玩耍的时间不要太长。

有的时候只是观察一下移动的"猎物"都能让猫咪觉得有趣。每次玩耍持续几分钟就足够了，每天多重复几次。

别忘了用轻柔的声音表扬、鼓励猫咪，或者温柔地摸摸它。

笔　记

养一只快乐猫

养一只快乐猫